U0184604

格致方法·商科研究方法译丛

必要条件
分析法

CONDUCTING NECESSARY CONDITION ANALYSIS

for BUSINESS *and* MANAGEMENT STUDENTS

JAN DUL

[荷] 扬·杜尔 著

杜运周 等译

格致出版社　上海人民出版社

编辑寄语

　　欢迎学习商科研究方法。近年来,攻读商科硕士专业学位的学生日益增多。在攻读学位的最后阶段,研究生都要花费3—4个月的时间来撰写论文。对于大多数学生来讲,撰写论文都是在课程结束之后,这与课程是完全不同的。每个研究生都由导师来指导论文撰写或进行课题研究,研究生需要详细了解自己使用的研究方法。开始撰写论文或开始课题研究之前,研究生们通常都会接受一些研究方法的训练以完成论文或课题。如果你就是正在撰写论文的研究生,那么你不会孤军奋战,我们向你提供了一套书来帮助你。这套丛书的每本书都就某一具体的方法提供了详细的信息以帮助你的论文撰写。我们理解什么是硕士学位论文所需要的研究方法,也理解什么研究方法是硕士研究生所需要的,从而帮助你在撰写论文的时候能够出色地完成任务,这正是商科研究方法系列丛书的编写目的。

　　该丛书中的每一本都旨在对数据收集或数据分析方法提供足够的知识,当你进行到研究过程的每个具体阶段的时候,你都可以找到一本与其相应的方法介绍,如数据收集或数据分析。每一本都邀请了业界权威的学者来编写,他们都在研究方法的教学与写作方面具有丰富的经验,因此他们的作品清晰易读。为了让学生在学习丛书中的每一本的时候都能够迅速找到自己需要的内容,丛书使用了标准的格式,即每本书均由6章构成:

- 第 1 章：导论，介绍方法的目的和本书纲要；
- 第 2 章：研究方法的哲学假定；
- 第 3 章：研究方法的组成部分；
- 第 4 章：将不同的组成部分组织起来以使用该研究方法；
- 第 5 章：提供研究中使用该种研究方法的例子；
- 第 6 章：结论，该种研究方法的优点与缺点。

我们希望阅读本书对你撰写论文有所帮助。

比尔·李、马克·N.K.桑德斯和 V.K.纳拉亚南

丛书编辑简介

比尔·李(Bill Lee)，博士，英国谢菲尔德大学会计学教授、会计与金融系负责人。他在研究方法和研究实践领域具有多年的经验，另外，他的研究方向也包括会计和会计准则。比尔的研究兴趣广泛，成果多发表在 *Accounting Forum*、*British Accounting Review*、*Critical Perspectives on Accounting*、*Management Accounting Research*、*Omega* 和 *Work，Employment & Society* 等期刊。他的关于研究方法和研究实践的科研成果发表在 *The Real Life Guide to Accounting Research* 及 *Challenges and Controversies in Management Research* 中。

马克·N.K.桑德斯(Mark N.K.Saunders)，博士，英国伯明翰大学商学院商科研究方法教授。他的研究兴趣是研究方法，特别是关于内部组织关系、人力资源管理方面的变革(尤其是组织内和组织间的信任)和中小企业的研究方法。马克在很多学术期刊上发表过文章，如 *Journal of Small Business Management*、*Field Methods*、*Human Relations*、*Management Learning* 和 *Social Science and Medicine*。同时，他也是一些专著的合著者和合作编辑，如 *Research Methods for Business Students*(目前已经是第6版)和 *Handbook of Research Methods on Trust*。

V.K.纳拉亚南(V.K.Narayanan)，美国宾夕法尼亚州费城德雷塞尔大学商学院副院长(分管研究)、卓越研究中心主任、战略和创业学教授。他先后在一些顶尖专业期刊发表文章,如 *Academy of Management Journal*、*Academy of Management Review*、*Accounting Organizations and Society*、*Journal of Applied Psychology*、*Journal of Management*、*Journal of Management Studies*、*Management Information Systems Quarterly*、*R&D Management*,以及 *Strategic Management Journal*。纳拉亚南在印度马德拉斯的印度理工学院获得机械工程学士学位,在艾哈迈达巴德印度管理学院获得工商管理硕士学位,在美国宾夕法尼亚州的匹兹堡大学商学院获得商科博士学位。

译者序

　　2021年1月5日，格致出版社编辑唐彬源联系我，希望我能够担任本书的翻译工作。我当时很意外，因为我认识必要条件分析法（necessary condition analysis, NCA）的开创者，也是本书的作者扬·杜尔（Jan Dul）教授已经好几年。那是在2017年的冬季，我第一次参加国际定性比较分析（qualitative comparative analysis, QCA）专家工作坊和国际研讨会（其中国际研讨会是对外开放的，专家工作坊是闭门会议）。这次会议上他作了一个关于NCA的报告，那是我第一次听说NCA是专门用于分析必要条件关系的新方法。会上，扬·杜尔教授详细报告了为什么要发展NCA，以及相较于QCA，NCA在分析必要性关系上有什么独特的优势。现在回想起来真是缘分，在这次闭门会议上，我们就坐在同一桌上，他在我的右侧，而QCA的开创者查尔斯·拉金坐在我的左侧。

　　"一所大学、一条河流与两种方法。"苏黎世联邦理工学院是一所享誉世界的著名学府，坐落于美丽的苏黎世。2017年，我与苏黎世联邦理工学院结下了不解之缘，除了因为这里会举办一年一度的国际QCA专家会议，还因为这里有一条美丽的"知识河"——利马特河（Limmat），它让这座城市更加与众不同。利马特河是瑞士苏黎世的一条主要的河流，该河流从苏黎世湖北端引出，然后流经苏黎世市中心，穿城而过，让这座城市充满了灵性。这可能也是很多科学巨匠、文人墨客、政治人物和金融巨头喜欢这里的原因。在利马特的岸边有一家名叫奥顿（ODEON）的拥有百年历史的咖啡店。奥顿的位置非常优越，交通便利，并且抬头就可以看见利马特河。据说这里是酷爱一边喝着咖啡一边思考问题的爱因斯坦常光顾的地方。可以想象,爱因斯坦在苏黎世期间坐在咖啡店里,面前放着一杯咖啡,手里拿着一本书,时而冥思苦想,时而在书上画着什么,一坐就是一个下午的情景。据说就是在这家咖啡店里,爱因斯坦读完了名著《科学的价值》。爱因斯坦的母校苏黎世联邦理工学院在每年的 11 月底或 12 月初都会召开国际 QCA 工作坊和专家会议。在这个年会上,我有幸与世界上两种方法的开创者成为朋友:QCA 的开创者查尔斯·拉金,以及 NCA 的开创者扬·杜尔。会议间隙最有趣的一项活动就是与来自世界各个国家的方法论学者一起乘火车去于特利贝格(Uetliberg)山顶,几十位专家围坐在一起,吃传统的瑞士奶酪火锅(Käse-Fondue),喝点啤酒,边吃边聊,在那温馨的场景中,不时有智慧的碰撞。

著名物理学者 Platt(1964)曾在《科学》(Science)上撰文提问:"为什么不同领域的发展速度会有显著差异?"他认为主要的原因是各领域之间科学方法的发展和传播速度存在差异。Platt 的观点间接说明了方法论的发展对于知识进步有着重要的支撑作用。而扬·杜尔教授就是一位酷爱方法论的学者。在本书中,他用短短 6 章的篇幅,不仅给我们系统地介绍了 NCA 方法,还基于哲学和逻辑阐述了他对于方法论底层的思考。我一直认为我们面临两种不同的金字塔:社会的金字塔和知识的金字塔,两者方向相反。社会的金字塔是越接近塔尖越成功;而知识的金字塔则是越在塔底贡献越大。我们都是站在深耕于知识金字塔塔底的那些伟大学者的肩膀上前进的。认识到社会与知识两种金字塔的差异,我们便会明白爱因斯坦的名言:"不要争做成功的人,要努力做有价值的人!"

今天管理学者面临的复杂性管理现象往往是多种因素的组合共同影响结果。从线性管理到数字生态、生态系统、复杂性公共管理问题,日益复杂动态的管理现象要求管理学研究直面因果复杂性,进而影响了研究者的理论和方法的选择以及他们的创新思路。早在 1999 年,《科学》就组织了一个复杂性科学专刊。而物理学家霍金甚至预言 21 世纪是复杂性科学的世纪。在日益复杂的现象中,我们如何找到"关键的使能因素""卡脖子的制约因素",可能对于实现预期目标至关重要。

大道至简,扬·杜尔教授在本书中列举了大量的必要条件现象,并指出必要条件现象无处不在,识别必要条件是分析复杂问题的一条路径。

在本书中,扬·杜尔教授梳理和区分了三种关系:传统的平均效应关系(回归和结构方程)、必要性关系和充分性关系。他的贡献主要是聚焦于必要条件关系,特别是区分了类型必要条件和程度必要条件,并开发了 NCA 方法来检验必要条件。平均效应关系重在分析 X 改变对 Y 改变的平均影响效应。必要性关系重在分析:X 存在是 Y 存在的必要条件吗? 或者,某水平的 X 是某水平的 Y 的必要条件吗? 充分性关系重在分析 X 出现是否会充分地"导致"Y 出现。显然,未来的科学研究需要区分这三种关系,并采取与之匹配的方法进行检验。这种区分对于管理学研究而言更为重要。管理强调"做正确的事和正确地做事",前者强调效果,即目标的实现;后者强调效率,即投入和产出的效率。管理效率与管理效果需要统一。因此管理学研究需要探讨三种关系,即效率导向的传统的统计相关关系(平均效应关系),以及效果导向的必要条件关系和充分条件关系。我认为这些关系间的差异需要被管理研究者重视,未来需要针对不同问题和不同关系采取不同的分析方法或者将它们有机结合。我与合作者于 2020 年 9 月在《管理世界》上发表了一篇题为"什么样的营商环境生态产生城市高创业活跃度?——基于制度组态的分析"的文章。在这篇文章中,我们便整合了 NCA 和 QCA 两种方法的优势,分别检验了必要性与充分性两种不同的关系。

本书的价值不仅在于读者可以从中学习到 NCA 的操作,更重要的是可以学习到从分析现象,确定研究问题,提出假设,下载和安装 R、RStudio 和 NCA 包,再到分析数据和撰写论文的整个过程。在 R 语言日益普及的时代,熟悉 R 语言还有利于我们进一步延伸,学习其他有价值的方法,比如在 R 语言中实现 QCA 分析等。对于喜欢做方法原创的学者,还可以自己设计和开发基于 R 语言的包,这也有助于解决方法技术上的"瓶颈"问题。

基础原创研究日益受到重视,"新理论、新方法、新范式"的原创探索研究是国之所需。2017 年开始,我每年均会参加苏黎世联邦理工学院举办的国际 QCA 专家工作坊,并于 2018 年 11 月第六届国际 QCA 专家工作坊期间,被邀请成为国际 QCA 专家网络 COMPASSS 咨询委员会全球 50 位 QCA 咨询专家之一。参加这些国际活动让我意识到中国工商管理领域还缺乏专门的方法论组织。与国际前沿相比,我国在工商管理研究方法论和技术发展上还存在较大差距。2020 年 8 月,国家自然科学基金委员会管理科学部首次提出"管理与经济科学新理论、新方法和新范式"原创探索项目。这进一步说明了加强原创方法的研究以及迈向基础研究的重要性。在这方面,国际上的一些成熟做法很值得国内借鉴。比如,国际管理学会(AOM)设有研究方法分会(RM),以及研究方法期刊《组织研究方法》(*Organizational Research Methods*,ORM),极大地推动了科学哲学和管理学新方法的发展。为了对国内管理哲学、方法论与实践的融合发展贡献微薄之力,我与《外国经济与管理》宋澄宇主任商议把"东方管理"专栏编委会活动扩大,于 2019 年 4 月在东南大学组织召开了首届"管理哲学、研究方法与中国管理实践"会议。在此基础上,在中国企业管理研究会申请并成功新增设立"管理哲学"专委会,这要感谢黄速建会长和黄群慧理事长的支持,我们国内终于有了一个专门讨论管理哲学和研究方法的组织,我本人也很荣幸地担任了中国企业管理研究会副理事长、管理哲学专委会会长。这是国内第一个管理哲学专委会,专委会将每年组织召开一次"管理哲学、研究方法与中国管理实践"年会,与国内外同行一道共同推动方法论的发展。这本 NCA 方法论的出版,也是我们推动方法论学习和发展的一项重要工作。

这本书能够顺利地翻译完成,要感谢翻译团队集体的努力和付出。李佳馨参与第 1 章的翻译;许志燕参与第 2 章的翻译;高琦参与第 3 章的翻译;陈凯薇参与第 4 章的翻译;孙宁参与第 5 章的翻译;周诗琪参与第 6 章的翻译;刘秋辰参与术语及附录的翻译。我统筹所有章节的翻译并进行了多次校正。本书能够顺利呈现给读者,也要感谢出版社编辑朋友的辛勤工作;还要感谢《管理世界》李志军社长、《南开管理评论》程新生副主编、《经济管理》刘建丽副主编、《管理评论》乔晗副主编、《外国经济与管理》宋澄宇主任、《管理学报》郭恺主任、《科学学与科学技术管理》孙兰主任等同行朋友的相关支持。

我们正处在一个管理现象日益复杂和复杂科学崛起的世纪,围绕复杂系统的研究,必然会推动新的研究范式出现。我们努力翻译好这本 NCA 方法书,希望吸收世界同行的先进知识,一起探索复杂科学研究范式变革的路径和方法。通过本书,读者将可以系统地学习到 NCA 在分析必要性关系中的原理、方法和技巧,并且很有可能因此获得认识复杂世界的一把新钥匙。

杜运周

东南大学经济与管理学院

2021 年金陵立秋

致　谢

这本书背后的思想起源于至少 10 年前,我感谢从那时起所有作出贡献的人。一开始,我和 Tony Hak 就研究方法进行了很多讨论,特别是必要性分析。就在我写这本书的时候,Tony 不幸去世了。Gary Goertz 是另一个从一开始就是我好朋友的人。我可以和他讨论许多关于必要性分析的复杂性以及在不常见的情境中整合必要性思维的复杂性。Barbara Vis 将我引入了定性比较分析(QCA)的世界,我们深入讨论了必要条件分析(NCA)和 QCA 之间的差异。Roelof Kuik、Erwin van der Laan 和我接受了为 NCA 开发统计检验的挑战。科学程序员 Govert Buijs 能够使我理解原来 NCA 的 R 脚本,并将其变成了一个专业包。很高兴能帮助 Maciej Karwowski、Wendy van der Valk 和 Regien Sumo 撰写他们的第一篇 NCA 文章,这是 NCA 首次发表的应用。

近年来,我与“NCA 大使”Zsófia Tóth、Sven Hauff 和 Stefan Breet 密切合作,他们是最早一批采用 NCA 的人,并在世界各地帮助我组织并参与有关 NCA 的研讨会和讨论。他们还评阅了本书的早期版本,其他几个朋友也做了类似的评阅,包括 Jorick Alberga、Florence Allard-Poesi、Gary Goertz、Colleen Kordish、Erwin van der Laan、Henk van Rhee 和 Pauline Thieule。此外,我还要感谢 Babis Saridakis、Dionysis Skarmeas 和 Constantinos Leonidou 提供关于企业社会责任的数据集,以及感谢 Wilfred Knol、Jannes Slomp、Roel Schouteten 和 Kristina Lauche 提供精益制造的数据集。这让我可以用 NCA 重新分析他们的数据。我也要真诚地感谢 Monique van Donzel、Krista Schellevis 和伊拉斯姆斯管理研究所的其他工作人员多年来在组织

和技术方面给予的支持,包括对 NCA 网站的开发和维护的支持。最后,我要感谢我的同事 Steef van de Velde、Marno Verbeek、Pursey Heugens、Eric van Heck、René de Koster 和 Finn Wynstra,他们给了我发展 NCA 和写作本书的机会和必要的支持。

目　录

1 引 言

1.1 关于本书

必要条件无处不在。前往阿姆斯特丹旅行是亲自观赏伦勃朗(Rembrandt)的画作《夜巡》的必要条件。如果想开车,前提是你需要燃料;如果你想毕业,那么需要满足学习项目的条件或者完成毕业论文;如果你想读这本书,首先得翻开它。翻开书是必要条件,因为这使得你能够阅读本书。这是个非常强的条件,因为不翻开书,你就将无法阅读本书。然而,翻开书并非阅读它的充分条件。当你翻开书后,你可能决定不阅读了,例如动机和时间等其他因素也会起到作用。因此,存在一个必要不充分条件可能使得结果存在,当这个条件不存在时,能够确保结果不存在,但当这个条件存在时,不能确保结果一定存在。必要条件的不存在是一个瓶颈,它完美预测了结果的不存在。如果你不翻开本书,你也不会阅读它。

感谢你翻开这本书!你可能有动机和时间来完整地阅读此书,以便你能熟悉必要条件分析法(necessary condition analysis, NCA)。

1

NCA 是一种研究方法和数据分析方法,其逻辑基础是:对于结果的发生,条件可能是必要的,但不是充分的。由于现实生活中到处都有必要条件,因此 NCA 可以用于任何学科和专业。在心理学中,已经发现智力对于创造力是必要的,但并不是充分的条件:如果人们不聪明,那么他们就没有创造力,但是如果他们很聪明,那么他们可能具备也可能不具备创造力(Karwowski et al., 2016)。在商业中,也有关于高层管理者的承诺是否是组织成功变革的必要但不充分条件的讨论:如果没有高层管理者的承诺,那么变革将不会成功;但是,如果存在高层管理者的承诺,那么变革可能会也可能不会成功(Knol et al., 2018)。在医学中,已经发现元认知(识别并整合心理经验的能力)对于精神分裂症患者良好运转的动机是必不可少的:如果没有足够的元认知,那么动机就很低,但是如果元认知高,动机可能低也可能高(Luther et al., 2017)。

1.2 为何 NCA 是有价值的

NCA 有以下几个具备价值的原因。第一,该方法直观且直接。任何具有科学研究和研究方法基础知识的研究人员都可以轻松应用该方法。第二,该方法触发了一种基于必要逻辑的理论思维的新方式。因此,使用 NCA 进行的研究可以提供有趣的理论贡献。第三,因为必要条件是独立于其他因果结构而起作用的(这就是为什么它是必要的),所以理论上的必要模型可以很简单。通常,NCA 研究人员将采用只有一个或几个潜在必要原因的理论模型。第四,该方法补充完善了并非基于必要性逻辑的其他方法,例如回归分析。第五,NCA 的结果可以立即应用于实践。如果确定了必要条件,则几乎在每个案例中都必须具备该条件才能实现结果。如果没有该条件,结果则不会发生。因此,在关注影响结果的其他原因之前,仅关注此条件是有意义的。实践者在设计、管理或控制影响结果的因素时会使用这种必要性逻辑。他们意识到在复杂的(社会)环境中,不可能设计、管理和控制所有因素,因此他们聚焦于必须存在的关键因素,以避免必然的失败,换句话说,就是必要条件。参加了 NCA 暑期课程的研究人员就 NCA 为什么有用提出了他们的想法(参见专栏 1.1)。

专栏 1.1　NCA 使用者关于 NCA 的观点

直观且直接

"直观且易于理解"

"容易实施"

"容易理解,逻辑上也很简单"

"对用户友好;易于学习;可以在 15 分钟内完成所有分析;结果可视化很容易"

"技术简单:无需'准备'、数据转换、操作处理和校正。可以在 10 分钟内输出完美的即插即用方法的结果"

"它允许你使用很少的观测数据去检验理论"

"我相信这具有巨大的探索价值,与最近对大数据的重视相吻合"

"加入 NCA 的浪潮,当成功之时,门就会打开"

与实践高度相关

"如果有必要条件,那么它对实践的意义是明确且牢固的"

"洞察力与实践息息相关"

"实践上是相关的!"

"与实践息息相关"

触发新的理论洞察

"将焦点转换至产生结果的最重要的因素:从最好具备到必须具备"

"这是一个新的思考方式,因此仅重新分析旧的数据集,就可能产生许多有意思的洞见"

（续表）

"有机会作出真正新颖/强有力的理论贡献"	法获得的见解"
"在我们观察因果关系以及反向因果关系的方式上可能具有潜在的突破性见解"	"对现有数据提供截然不同的看法"
	"能够以严谨的方式检验目前经常被忽视或视作理所当然的理论假设"
"这种方法可以通过提供因果关系的新视角来增进我们的理解"	"用不同的方法来分析一个完全不同但又非常相关的问题"
补充其他方法	
"分析提供了其他方法无	

1.3　如何开展 NCA?

NCA 可以按照以下四个阶段执行(参见图 1.1)。

图 1.1　开展必要条件分析的四个阶段

在第一阶段,研究者形成必要条件的假设:"X 对 Y 是必要的。"可以形成一个以上的假设。在第二阶段,研究者收集开展NCA 需要的数据。这个阶段包括案例的选择或抽样,以及对每个案例中的 X 和 Y 进行测量,产生一个数据集,也可以使用已有的数据集。第三阶段是 NCA 的核心,在此阶段对数据集进行必要性分析,并得出必要条件假设的结论。在第四阶段,研究者报告 NCA 研究的结果。

1.4　NCA 可以应用在何处?

对于想要进行基于必要性逻辑的新研究项目或扩展现有研究项目以增加新颖性并提供更多见解的研究人员而言,NCA 都是有价值的。NCA 可以提供学术上严谨且与实际相关的结果。这样的项目可以是博士学位论文,也可以是要在期刊上发表的研究,或者是对本书来说最有意义的硕士论文。自 2016 年 NCA 的核心文章(Dul, 2016a)和 NCA 相关的免费软件(Dul and Buijs, 2015)问世以来,该方法已被应用于商业和管理领域的多个学科,例如战略、财务、运营、创新、信息管理、人力资源管理、组织行为、创业和运输(参见专栏 1.2)。商业和管理专业的学生也成功地将 NCA 用于其硕士论文(参见专栏 1.3)。

专栏 1.2　NCA 在商业和管理中的应用示例

- 企业社会绩效:一个必要条件分析(Van der Laan and Dul,2016)。

- 要实现创新绩效,经纪业是必要的吗?一个必要条件分析(Breet et al.,2018)。

- 企业能力和绩效:必要条件分析(Tho,2018)。

- 新生证券交易市场的成功与失败(Albuquerque de Sousa et al.,2016)。

- 在制造业的中小企业中实施精益实践:使用必要条件分析检验关键的成功因素(Knol et al.,2018)。

- 使用必要条件分析社交媒体成熟度模型的集合方法论论证(Lasrado et al.,2016)。

- 购买者与供应商之间的关系中,什么时候契约和信任是创新的必要条件?一个必要条件分析(Van der Valk et al.,2016)。

- 没有高绩效的工作实践是否可能产生高绩效?一个必要条件分析(Hauff et al.,2017)。

- 不聪明可能具备创造力吗?一个必要条件分析(Karwowski et al.,2016)。

- 是否需要采取特殊行动?孵化活动和公司涌现的必要条件分析(Arenius et al.,2017)。

- 安全和生产卡车驾驶的决定因素:长途货物运输的经验证据(De Vries et al.,2017)。

专栏 1.3　在商业和管理中应用 NCA 的硕士论文示例

- 保持体育锻炼干预的必要条件(Guiking,2009)。

- 企业创新合作的关键成功因素(Sarrucco,2011)。

- 荷兰仓库构建和职业安全的必要条件假设(Bakker,2011)。

- IT 项目成功的关键成功因素(Verheul,2013)。

- 解释员工对总部与子公司关系的满意度(Van Dalen,2014)。

- 医疗行业新产品开发的关键成功因素(Meijer,2014)。

- 空容器定位过程中信息系统成功的关键成功因素(Helwig,2014)。

- 客户导向和商业表现:对荷兰中小型企业网站的内容分析(Van't Hul,2015)。

- 资本结构和公司治理对股票流动性的影响(Kuipers,2016)。

- 新企业取得积极业绩的必要条件(Ferrari,2016)。

- 基于软件的平台生态系统:垂直开放性与绩效之间的关系(Overschie,2016)。

- 在预实施阶段,检验潜在的组织用户对强制性 IT 技术接受的必要条件(Verhoeve,2017)。

- 中层管理人员创业行为的必要条件(Smits,2018)。

- 组织因素在跨业务部门追求探索性创新中的作用:一个必要条件分析(Thieule,2018)。

NCA 已被应用于定性研究和定量研究中许多类型的研究问题。在定性研究中,通常会研究少量案例,通常少于 20 个。我称之为"小

样本研究"(小 N 研究),其中 N 代表案例数。专栏 1.3 中介绍的
2016 年之前的大多数案例为小样本研究示例。在定量研究中,通常
要研究超过 20 个样本的案例,这就是所谓的"大样本研究"(大 N 研
究)。专栏 1.2 中的所有研究都是大样本研究的示例。案例数最大的
研究是一项针对 12 255 人的研究,表明智力对于创造力是必要的
(Karwowski et al.,2016)。在定性和定量研究中,研究问题通常涉
及可进行管理、设计或控制的特征、工作或步骤,以实现或避免令人
感兴趣的结果。该结果可能是理想的结果,例如绩效、创新、可持续
性、财务结果、变化、创造力、幸福或健康。在专栏 1.2 和专栏 1.3 所
呈现的商业和管理研究中,大多数结果是商业结果,如财务绩效、创
新绩效或社会绩效。如专栏 1.3 所示,当期望的结果被表述为"成功"
时,必要条件有时被称为"关键成功因素"。因此,"关键"意味着想要
成功,必须存在这个因素,并且如果缺乏这个因素,那肯定会失败。
结果也可能是不希望有的事情,例如压力、生病、风险、疾病或失败。
因此,缺乏必要条件确保了不期望结果的缺乏。没有结核菌,一个人
就不会得结核病。

必要性逻辑及其研究的一个当代思想家加里·格尔茨(Gary
Goertz)指出,"对于任何研究领域,人们都可以找到重要的必要条件
假设"(Goertz and Starr,2003:65—66)。对于包括商业和管理在内
的任何社会科学领域,我都完全同意此说法。我与各种研究领域的
研究人员和学生的讨论表明,总是有可能快速提出在实践中受到影
响的事物 X(例如为变革项目提供足够的资金)对在实践中感兴趣的
结果 Y(例如成功的变革)来说是一个必要条件。最有可能的是,必
要性逻辑也适用于你的研究主题,你可以提出一个可以用 NCA 回答

的研究问题。在附录 1 中，我对如何为各类研究主题制定研究问题和必要条件假设提供了建议。

1.5　NCA 简史

尽管 NCA 是一种新的研究方法论，但其逻辑可以追溯到大卫·休谟(David Hume)的科学哲学(1777)，甚至可以追溯到亚里士多德(公元前 350 年)。必要性陈述在任何研究学科和实践中都很常见。但是，很长一段时间以来，缺少使用数据来开发或检验必要性陈述的必要条件分析。原因很简单，没有这样的分析方法。自弗朗西斯·高尔顿(Francis Galton，1886)发现相关和回归以来，研究焦点一直放在回归分析及其潜在的加总平均效应逻辑上：根据一个或多个预测变量估计(平均)结果。但是，此类分析无法评估单个预测变量的必要性。

最近，在必要性分析中，方法论的兴趣被重新燃起。1987 年，查尔斯·拉金(Charles Ragin)引入了一种被称为定性比较分析(qualitative comparative, analysis, QCA)的方法，该方法包括对二元必要性陈述的分析，即"X 的存在/缺乏，对 Y 的存在/缺乏，是必要的"。但在随后的几年中，QCA 主要集中于充分性分析，即确定足以满足结果的多种条件组合。当前，通常建议在进行充分性分析之前先进行 QCA 的必要性分析，但是 QCA 在商业和管理中的特定应用经常缺少必要性分析。例如，这一点可从《商业研究杂志》(*Journal of*

Business Research）中发表了大量商业和管理方面的 QCA 研究中得以发现。有关 NCA 和 QCA 之间差异的讨论，请参见 Dul（2016b）、Vis 和 Dul（2018）。

在 21 世纪初，一些政治学研究人员强调了其研究领域中必要条件的重要性（Dion，1998；Braumoeller and Goertz，2000；Ragin，2000）。2003 年，在这些发展成果的基础上，加里·格尔茨和哈维·斯塔尔（Harvey Starr）出版了《必要条件：理论、方法论和应用》一书，在书中他们讨论并整合了与必要性逻辑相关的广泛主题（Goertz and Starr，2003）。他们的著作确定了必要性分析方法论发展的潜在方向及其在政治科学和社会学中的潜在应用。此后在 2008 年，托尼·赫克（Tony Hak）和我在合著的《商业研究中的案例研究方法论》一书中整合了必要性分析（Dul and Hak，2008）。我们建议在商业和管理研究中使用必要性逻辑和分析，并且说明了这不仅可以用于小样本案例研究，还可应用于大样本的研究。之后，我们联合了各方力量，开发了超越二元必要性分析的必要性分析（Dul et al.，2010；Goertz，Hak and Dul，2013）。我们的目标是不仅要对具有两个水平（level）（例如，缺乏/存在）的变量进行类别型（in kind）的必要性分析，而且要对具有两个以上水平的变量进行必要性分析。这使我们可以作出“X 的某水平对于 Y 的某水平是必要的”这类精确程度更高的必要性陈述。例如，20 分钟的阅读时间对看完本书的第 1 章是必要的，几个小时的阅读时间对看完整本书是必要的。从那时起，我将方法论研究的重点放在了必要性分析和发展一种综合方法（包括软件）上，该方法可供对必要性逻辑感兴趣的定性和定量研究人员使用。该综合方法的第一版于 2016 年发表在《组织研究方法》上（Dul，

2016a)。在本书中,我以该文为基础,并囊括了有关 NCA 在全球范围内最新扩展和见解的讨论,以及 NCA 在许多研究领域中的应用。

1.6　NCA 与其他模型和方法的比较

显然,NCA 与常规的理论模型和数据分析方法(例如多元回归和结构方程模型)存在根本上的不同。这些模型和方法侧重于某个因素对结果的平均效应。例如,平均而言,有硕士学位的学生而非仅有学士学位的学生会读这本书。"学业水平"对阅读本书有平均影响,但是该因素不是必要的,因为有学士学位的学生也会阅读这本书。一个因素对结果不仅可能产生平均效应,而且可能是必要的。例如,智力对创造力有平均影响,因为一般来说,更聪明的人也更有创造力。智力对于创造力也是必要的,因为在没有高水平智力的情况下,几乎不可能找到具有高水平创造力的人。

NCA 与常规模型和方法之间的另一个主要区别在于,NCA 侧重于期望的结果(例如健康)或不期望的结果(例如疾病)的缺乏而非存在。这对模型的复杂性具有重要的影响。多数解释结果存在的平均效应模型包括许多潜在的预测因素,而这些模型需要"控制变量"以避免估计偏差。引入更多的变量和复杂性可以更好地预测变量对结果的平均影响。随着更好的数据分析方法和运行更快的计算机的出现,当前的趋势是分析更复杂的模型。NCA 的一项独特功能是预测结果的缺乏。单一的必要条件的缺乏几乎就可以推导出结果的缺乏。因此,即使使用简单的理论模型,NCA 也可以作出有效的预测。

一个简单模型的优点不容小觑。第一,根据"奥卡姆剃刀"原则,一个简单的模型具有简约性。简约避免了理论变得过于复杂和不可理解。简约模型比复杂模型更易于理解,并且可以更可靠地进行概括。更高的复杂性并不一定意味着更高的预测准确性和洞察力,并且其他变量的叠加可能会产生递减的价值。在最早应用 NCA 的一项研究(Van der Valk et al.,2016)中,理论模型仅包括三个必要条件和一个结果。这项关于购买者与供应商关系的研究将能力信任、商誉信任和契约细节作为条件,将创新绩效作为结果,发现每个条件对于创新绩效都是必要的。因此,条件不能相互弥补。第二,对于一个简单的模型,所有包含在内的变量都可能在之前的其他研究中被测量过,从而可能找到包含这些变量的现有数据集。例如,可能已经建立了数据集并使用回归分析获得了平均效应的见解,并且当将NCA 与相同的数据一起使用时,可能会得到新的见解。有大量当前可用的数据尚未使用 NCA 进行分析,可以对其进行分析以获得更深入的理解。因此,NCA 研究可能是"档案数据"或"二手数据"研究。许多数据集可在知识库中公开获得,可以作为已发表研究的补充材料使用,也可以由愿意以开放科学精神共享数据的个人研究员提供。在另一个早期的 NCA 应用中,Karwowski 等(2016)仅使用了以前采用回归分析进行平均效应分析的现有数据集,证明了智力对于创造力是必要的,并使用了只有一个条件和一个结果的简单模型。尽管大多数 NCA 研究都使用简单的模型,但是 NCA 也可以处理复杂的模型。例如,我的硕士学生之一 Nikita Bakker(2011)估计了 84(!)个仓库安全的潜在必要条件。

因此,常规方法通常使用复杂的模型来寻找平均效应,而 NCA 通常使用简单的模型来寻找必要但不充分的条件。两种方法是相辅相成的,它们之间并无对立。因此,可以将 NCA 与其他方法结合起来以获得互补的见解。例如,当 NCA 与回归分析结合使用时,可以将有关变量对于结果的必要性的见解与有关变量的平均贡献的见解相结合[例如 De Vries et al. (2017)]。也可以将 NCA 与 QCA 结合使用。QCA 专注于充分性,因此着眼于如何通过多种可能的条件组合得到结果。QCA 也有"类别型"的必要性方法。QCA 分析可以从 NCA 的"程度型"(in degree)必要性方法中得到丰富的见解,即在回答所有充分的组合中必须达到哪种水平的条件,以确保这些组合确实可以产生结果[例如 Fredrich et al. (2019)]。当 NCA 与其他方法结合使用时,该研究将在第一阶段包括更复杂的理论模型,并在第三阶段进行更广泛的数据分析。专栏 1.2 和专栏 1.3 中的大多数示例都使用 NCA 作为唯一逻辑或主要逻辑和方法论。基于此,可以直接根据必要性逻辑撰写相一致的故事。

1.7　本书的其余章节

在本书的其余章节,我将指导你运用 NCA 进行研究。在第 2 章和第 3 章中,我将详细介绍 NCA 的逻辑和背景。这部分内容对于你理解必要性逻辑及其理论陈述以及 NCA 的基本原理很重要。这些知识不仅对于你自己的知识很重要,而且对于能够正确回应研究人员(例如可能不熟悉 NCA 的同事、导师或评审人)的评论也很重要。第 4 章介绍了如何开展 NCA 的数据分析。我将 NCA 的应用与包括对数据进行定性可视化检验的"列联表方法"进行区分,并对 NCA 的应用和运用 NCA 软件进行定量数据分析的"散点图方法"进行区分。在第 5 章中,我将说明研究人员如何使用 NCA。任何研究人员在进行研究时都会面临方法论上的困境。我将回顾研究人员如何应用 NCA 并解决难题。本书以第 6 章作为结束语,涵盖了 NCA 的优缺点。

你已经设法使这本书保持打开状态,并且花了大约 20 分钟阅读本书。希望你继续阅读。当你这样做的时候,你可能会思考一些书中未解决的问题。然后,你可能想要访问 NCA 网站(www.erim.nl/nca),其中包含有关 NCA 的大量信息。本书有一个特别的部分,你可以在其中找到补充材料,例如如何将 NCA 与回归分析相结合或如何将 NCA 与 QCA 相结合。本书中用于某些图形和分析的 R 脚本也可以在此处找到。此外,你可以对本书发表评论,以便我们在再版时可以对其进行修订。你也可以成为 NCA 社区的成员,讨论该方法及其应用,寻求其他 NCA 研究人员的帮助,并在一段时间后为其他研究人员提供有关如何开展 NCA 研究的建议。你可能很快就会成为你所在领域的第一批 NCA 专家!

2 NCA 的哲学假设与逻辑

2.1 本章概览

在本章中,我将从 NCA 研究的哲学假设和必要性逻辑基础来探讨 NCA 的产生背景。我将说明必要条件可以用不同的方式表述,并且我将扩展二元必要性逻辑,即从只有两个水平的二分变量逻辑,到有限个水平的离散变量必要性逻辑,再拓展到无限个水平的连续变量必要性逻辑。最后,我将说明必要性逻辑在实践和研究中无处不在。

2.2 哲学假设

NCA 与各种关于实在 *(本体论)和关于知识创造方法(认识论)

---

* 实在(reality)和实在主义也称现实和现实主义。——译者注

的哲学假设是相容的。本体论的立场从将社会世界视为独立于个人的实在的实在主义,到将社会世界的不同维度视为具有不同程度的独立性,再到认为社会世界没有独立性,是世界参与者相互作用的建构。认识论的立场从假定科研人员对实在的观察具有客观和普遍适用性的立场,到认为观察和意义受情境限定并特定于社群的立场,再到强调所有人类诠释*中的主观性,并建议研究人员应该关注这些诠释。

实证主义——假设实在主义本体论——是自然科学和大多数社会科学(包括大多数商业和管理研究)的主流框架。不出所料,迄今为止,大多数 NCA 研究都是基于实证主义框架。一项基于实证主义框架的 NCA 研究假设一个实在"存在"。实证主义者对这一实在形成了一个必要性的理论假设——必要条件假设——并用经验数据来检验它。他们更喜欢用客观的方法来分析数据,并通过证伪来检验数据是否支持假设。实证主义者试图在研究的案例之外归纳(generalise)结果。

NCA 的逻辑也可以被用于诠释主义框架。一项基于诠释主义框架的 NCA 研究假定人们通过必要性逻辑来解释实在的意义。这类研究调查的是人们如何感知实在。研究人员专注于该主题,对人们的看法和他们自己的观察进行反思,并以透明的"深"描来描述这些发现。通常情况下,没有人试图将所研究的案例及其特定背景归纳到更广泛的案例中。实证主义和诠释主义框架都可以使用定量数据和定性数据以及各自的数据分析方法,尽管定量数据及其数据分

---

* 诠释(interpretations)和诠释主义也称解释和解释主义。——译者注

析在实证主义方法中占主导地位,定性数据及其数据分析在诠释主义方法中占主导地位。

在本书中,我聚焦于实证主义框架下的 NCA。我认为:

- 研究者试图捕捉实在;

- 选择的或抽样的案例代表了这一实在;

- 测量被用于量化或定性化这些案例的属性;

- 通过证伪进行假设的实证检验;

- 这项研究试图在研究案例之外作出分析性或统计性的归纳。

我将在这个实证主义框架内展示 NCA 是如何广泛适用的。NCA 可用于使用文字或字母的定性数据,也可用于使用数字的定量数据。NCA 可通过视觉检测进行定性数据分析,或通过数学和统计学进行定量数据分析。NCA 可用于 N=1 的单一案例研究、N 值较小的多案例研究或 N 值较大的"大数据"研究。N 是研究的案例数量。

2.3 必要性逻辑

科学研究的一个基本目标是确定感兴趣的概念之间的因果关系。当已知概念 X 导致概念 Y 的关系时,就可以通过 X 的变化来预测 Y 的变化。X 通常被称为"前因""自变量""因素""决定因素""预测变量""条件",Y 被称为"效应""因变量""结果"。NCA 更喜欢使用"条件"和"结果"术语。对"X 导致 Y"最常见的解释是 X"引起"Y。X 的变化会导致 Y 的变化。这是"充分性"的因果逻辑,即 X 变化是 Y 变化的充分条件。

休谟(Hume,1711—1776)是这样描述因果关系的:

我们可以把一个前因定义为一个对象,其后跟着另一个对象,所有类似于前者的对象后面都跟着类似于后者的对象;或者换句话说,如果第一个对象不存在,那么第二个对象就不存在(Hume,1777)。

在前半句话中,休谟引用了充分性逻辑:对象 X 后面跟着对象 Y。在后半句话中,他说没有 X 就没有 Y。这引用了必要性逻辑。X 缺乏确保了 Y 缺乏。因此,我们可以说休谟引入了两种类型的前因:存在即引起结果存在的充分前因,缺乏即确保结果缺乏的必要前因。

2.3.1 必要和充分前因

考虑到必要前因和充分前因的区别,X 对 Y 可以产生三种因果效应 *:

● X 对 Y 是充分的,但不是必要的。当下雨(X)时,地面变湿

---

* 其实不只三种,参见杜运周、李佳馨、刘秋辰等:《复杂动态视角下的组态理论与 QCA 方法:研究进展与未来方向》,《管理世界》2021 年第 3 期。

(Y)。下雨是地面潮湿的充分条件。然而,如洪水等其他原因也会使地面潮湿。因此,下雨对潮湿的地面不是必要的。

- X 对 Y 是必要的,但不是充分的。汽车必须有燃料(X)才能移动(Y)。燃料对移动中的汽车是必要的。然而,一辆有燃料的汽车也可能静止不动。因此,燃料对汽车的移动不是充分的。

- X 对 Y 是充分的,也是必要的。达到投票年龄(X)对获得投票权利(Y)是必要的,也是充分的。

请注意,因果陈述不需要是普遍正确的。它们通常在特定的应用领域内成立。有了伞,雨就不会把地面弄湿。只有在无障碍的情况下,才会有该因果陈述:下雨对潮湿的地面是充分的。汽车可以在没有燃料的情况下下山。当汽车在平坦区域行驶时,才会有该因果陈述:燃料对汽车的移动是必要的。该陈述的真实性也取决于你如何定义"燃料"(例如包括汽油和电力)。在某些国家,妇女可能没有投票权。因此,对于实行普选的国家来说,该因果陈述才成立:投票年龄对选举权既是必要的,也是充分的。对于上述示例,你可能会发现更多的例外。通过寻找例外来探索因果陈述的边界,是确定因果陈述应该在何处成立的过程中的一个重要方面,因此定义了假设的理论域。只有在这个域中,因果陈述才是正确的,而且新的例外可能会导致重新定义理论域。任何理论发展过程都是如此。

三类前因如图 2.1 所示。该图显示了三个 XY 表,或称作"列联表",其中 X 在横轴上,表示前因,Y 在纵轴上,表示结果。X 和 Y 是二分(二元)概念,只能有两个值,如缺乏或存在、0 和 1、低和高,等等。

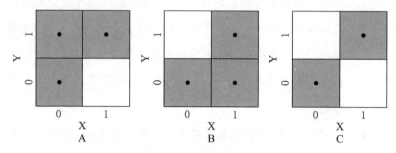

图 2.1　用二分概念解释三类前因

注:A 指 X 是 Y 的充分条件,但不是必要条件。B 指 X 是 Y 的必要条件,但不是充分条件。C 指 X 是 Y 的充分必要条件。

　　图中的每个单元格表示给定的 X 和 Y 的组合:左下角的单元格表示 X＝0、Y＝0 的组合;右下角的单元格表示 X＝1、Y＝0 的组合;左上角的单元格表示 X＝0、Y＝1 的组合;右上角的单元格表示 X＝1、Y＝1 的组合。如果一个单元格内有一个点,这意味着当应用特定陈述时,对于 X 和 Y 的特定组合,观测(案例)可以存在。缺乏点意味着当应用特定陈述时,对于 X 和 Y 的特定组合,不存在任何观测。图 2.1A 显示了当 X 是 Y 的充分而非必要条件时,X 和 Y 值的可能组合。当 X 存在(值为 1)时,Y 也存在:X 引起 Y。然而,当 X 缺乏(值为 0)时,Y 可以缺乏也可以存在。图 2.1B 显示了当 X 是 Y 的必要而非充分条件时,X 和 Y 值的可能组合。当 X 缺乏(值为 0)时,Y 也缺乏。X 缺乏引起 Y 缺乏。但是,当 X 存在(值为 1)时,Y 可以缺乏也可以存在。图 2.1C 显示了 X 是 Y 的充要条件时,X 和 Y 值的可能组合。当 X 存在(值为 1)时 Y 也存在,当 X 缺乏时 Y 也缺乏。X 存在引起 Y 存在,X 缺乏引起 Y 缺乏。

2.3.2 必要前因的替代表述

必要前因可以用两种方式表述：

X 存在是 Y 存在的必要条件。这是必要条件的"存在必要性"或"使能"表述。

X 缺乏是 Y 缺乏的充分条件。这是必要条件的"缺乏充分性"或"制约"表述。

因此，当翻开一本书是阅读它的必要前因时，必要性可以用两种方式表达：

翻开这本书是阅读它的必要条件。

不翻开这本书是不阅读它的充分条件。

这两个表述在逻辑上是等价的。在"存在必要性"表述中，必要前因的存在使结果存在。这一表述表达了必要条件的使能作用。在"缺乏充分性"表述中，必要前因的缺乏引起了结果的缺乏。这一表述表达了必要条件的制约作用。

其他词汇也可以用来指必要性逻辑。在专栏 2.1 中，我用存在必要性表述来区分使能因素的必要条件表述，用缺乏充分性表述来区分制约因素的必要条件表述。

许多表现必要性逻辑的词汇都是司空见惯的。使用者可能没有意识到其潜在的逻辑含义。这些词有时会与一个因素的"重要性"混淆。然而,一个有助于结果的"重要的"充分因素对结果来说可能不是必要因素,一个"不重要的"因素可能是必要的。在特定领域中识别潜在必要条件的一个好的起点是在文献中检索专栏 2.1 中的词汇,或者在研究人员或从业人员谈论其专业领域的因果关系时识别这些词汇。

专栏 2.1　表示必要性逻辑的常用词汇(使能和制约)

使能(X 存在对 Y 存在是必要的):

- X 对 Y 是必要的
- X 使能 Y
- X 为 Y 所需
- X 对 Y 很关键
- X 对 Y 至关重要
- X 对 Y 是必不可少的
- X 对 Y 是不可缺少的
- X 是 Y 的一个先决条件
- X 是 Y 的一个必要品
- X 是 Y 的一个必要条件
- X 是 Y 的一个前提条件
- X 允许 Y
- 必须有 X 才能有 Y
- Y 需要 X

制约(X 缺乏对 Y 缺乏是充分的):

- X 制约 Y
- X 限制 Y
- X 阻止 Y
- X 束缚 Y
- X 停止 Y
- X 约束 Y
- X 是 Y 的障碍
- X 是 Y 的瓶颈
- 没有 X 就没有 Y
- X 缺乏对 Y 缺乏是充分的

2.3.3　空白空间

在本书中,我遵循惯例,前因 X 在 XY 图的横轴上显示,并且值向右增加。结果 Y 在 XY 图的纵轴上显示,并且值向上增加。因此,当 X 存在是 Y 存在的必要条件时,空白空间在左上角,此空白空间内不存在案例(如图 2.1B 所示)。然而,空白空间也可以出现在另一个角落,这取决于什么时候 X 缺乏是必要条件,或者 Y 缺乏是结果。从图 2.2 可以看出,任何角落的空白空间都可以按照必要性来表示,这取决于 X 和 Y 是缺乏还是存在:

- 图 2.2A——X 存在是 Y 存在的必要条件。左上角为空白空间。只有当 X＝1(X 存在)时,才能达到 Y＝1(Y 存在)。这是对"X 对于 Y 是必要的(但不是充分的)"这一说法的最常见理解。图 2.2A 对应图 2.1B。

- 图 2.2B——X 缺乏是 Y 存在的必要条件(但不是充分条件)。右上角为空白空间。在这种情况下,只有当 X＝0(X 缺乏)时,才能达到 Y＝1(Y 存在)。例如,当 X 是吸烟,Y 是长期健康时,禁烟对长期健康是必要的(尽管不是每个人都同意),这一必要性陈述导致右上角出现空白空间。

- 图 2.2C——X 存在是 Y 缺乏的必要条件(但不是充分条件)。左下角为空白空间。这种情况不太直观。只有当 X＝1(X 存在)时,才能达到 Y＝0(Y 缺乏)。这与"X 缺乏是 Y 存在的充分条件"这一陈述相对应。例如,当 X 是社会支持,Y 是压力时,社会支持对于没有压力是必要的,这一必要性陈述导致左下角出现空白空间。

- 图 2.2D——X 缺乏是 Y 缺乏的必要条件(但不是充分条件)。右下角为空白空间。在这种情况下,只有当 X＝0(X

缺乏)时,才能达到 Y=0(Y 缺乏)。例如,当 X 是下雨,Y 是地面潮湿时,不下雨是地面不潮湿的必要条件(所有干燥地面没有下过雨),这一必要性陈述导致右下角出现空白空间。这与 X 存在是 Y 存在的充分条件(但不是必要条件)这一陈述相对应,后者就是常见的充分性陈述:下雨是地面潮湿的充分条件。因此,图 2.2D 对应图 2.1A。

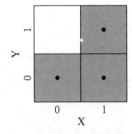

A. X 存在是 Y 存在的必要条件

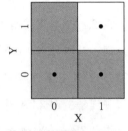

B. X 缺乏是 Y 存在的必要条件

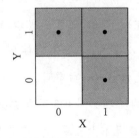

C. X 存在是 Y 缺乏的必要条件

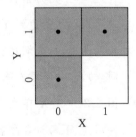

D. X 缺乏是 Y 缺乏的必要条件

图 2.2 根据 X 和 Y 的存在或缺乏,"X 是 Y 的必要条件"的四种表示方式

通过重新定义 X 和 Y(例如 X=不吸烟而不是吸烟;Y=无压力而不是压力),这些空白空间将再次出现在左上角:不吸烟是健康的必要条件,社会支持的存在是无压力的必要条件。在本书中,除非另有说明,我定义 X 和 Y,使 X 对 Y 的必要性对应"X 存在是 Y 存在的必要条件",空白空间位于左上角。

2.3.4 必要性的确定性*视角和概率视角

如果空白空间不是完全空白,因此只有少数案例存在于空白的左上角,这意味着什么? 这个理由足够拒绝必要性吗? 换句话说,必要性是否需要一个没有例外的确定性视角? 或者是否也可以有一个必要性的概率视角,如声明 X"实际上""几乎"或几乎总是"对于 Y 是必要的? 这些问题没有简单的答案。在必要性的确定性视角中,任何在空白空间的案例都将证明必要性主张是错的。例如,当五分之一的案例是在空白空间中时,得出 X 不是 Y 的必要条件的结论似乎是现实的。但如果 100 个观察到的案例中有一个出现在"空白空间",结论就不那么清晰了。我们是应该得出 X 不是 Y 的必要条件的结论,还是应该得出 X"几乎总是"Y 的必要条件的结论? 这种情况如图 2.3 所示。

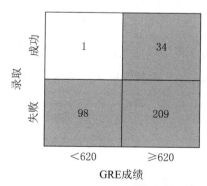

图 2.3 GRE 成绩和研究生项目录取(after Vaisey,2009)

---

* 哲学上有一个概念叫决定论,与自由意志对应。——译者注

在这个例子中,342 名学生申请了美国的社会学研究生项目。学生的 GRE 成绩是录取的重要标准,因为他们的 GRE 成绩必须达到至少 620 分才能被录取。只有 34 名达到阈值分数的学生被录取;209 名达到这个分数的学生因 GRE 成绩以外的原因被拒,98 名没有达到 620分的学生被拒。然而,有一名没有达到阈值分数的学生被录取了。鉴于这个数据集,并且知道这个被录取的学生没有达到 620 分,你会推荐学生冒险成为这个例外吗?你会建议学生得分低于 620 分,努力于可能有助于录取成功的其他因素,如通过提高他们的托福分数,改进他们的动机信或导师的推荐信吗?或者你会认为 GRE 水平为 620 分是入学的必要条件,并建议学生首先确保他们的 GRE 成绩至少为 620 分?

必要性的确定性视角和概率视角都是合理的,尽管概率视角可能更加现实和实用。确定性视角的优势在于,这一视角表明,必要性适用于理论域中的每一个单一案例。这使得实践中的必要性逻辑很强。在没有任何例外的情况下,必须投入和保持这些条件,必要条件假设可以用单一案例来证伪。然而,即使只有一个例外,确定性视角也认为这个条件不是必要的。因此,这种视角的结论是,由于有例外的出现,不需要为获得结果而投入和保持条件。尽管这对于例外案例是正确的,但对于绝大多数案例并不正确。另外,概率视角关注的是绝大多数案例,并建议必须投入和保持条件,以避免几乎所有案例的必然失败。

2.3.5　因果逻辑与条件逻辑

充要因果逻辑与哲学和数学中的条件逻辑密切相关,它们处理诸如"如果 A,那么 B"这样的命题。一个主要的区别是条件逻辑忽略了因果方向,而因果方向在因果逻辑中是必不可少的,NCA 也是如此。因果关系的一个主要特征是 X 和 Y 有一个时间顺序:首先是前因 X,然后是效应 Y。符号 X 和 Y 通常表示 X 是前因,Y 是效应,这在条件逻辑中通常不使用。相反,在条件逻辑中,A 和 B(或者 P 和 Q)被用来弱化因果关系。在条件逻辑中,有四个等价陈述表示 A 对 B 的必要性。当 A 是前因,B 是效应时,因果必要性逻辑的前两个陈述是相同的:

(1) A 存在是 B 存在的必要条件。

(2) A 缺乏是 B 缺乏的充分条件。

在条件逻辑中,没有因果方向,有两个额外的等价陈述:

(3) B 存在是 A 存在的充分条件。

(4) B 缺乏是 A 缺乏的必要条件。

当 A 是翻开这本书,B 是阅读这本书时,后两种陈述是:

● 阅读这本书是翻开这本书的充分条件;

● 不阅读这本书是不翻开这本书的必要条件。

因为阅读书之前要先翻开书(翻开书是阅读书的必要前因),很明显后两个条件关系不是因果陈述。在本书中,我只处理了两个概念之间的(假设的)因果关系,因此我使用 X 作为前因,Y 作为效应。当我用"必要"或"必要条件"时,我总是指"必要前因",因此当 A 引起 B 时,只有必要性陈述中的前两个表述适用。

2.4 二分案例之外的必要性逻辑

到目前为止,我一直假定 X 和 Y 是二分的,因此只能有两个值:0 和 1、缺乏或存在、低或高。然而,NCA 的必要性逻辑可以推广到具有多于两个水平的离散变量和连续变量。

2.4.1 离散和连续变量的必要条件

图 2.4 展示了二分变量、离散(三分)变量和连续变量不同组合的 9 个必要条件逻辑示例。二分必要条件如图 2.4A 所示,与图 2.1B 和图 2.2A 所示相同。二分变量只能有两个值,这种情况适用于变量性质被认为本质上是二分的,例如考试成绩(及格/不及格);或者可二分的,如根据国内生产总值(GDP)的某一临界值将国家分为富裕国家和贫困国家。变量的值可以是定性二分分数(字母、单词),如男性(M)和女性(F),也可以是定量二分分数(数字),如 0 和 1。离散变量有有限数量的值(三个或更多)。有三个水平的变量称为"三分"变量。一些本质上是离散变量的例子有鞋码、星期几、意见箱里的意见数量或者年龄。同样,变量可以离散化,变量值可以是定量也可以是

定性的。连续变量可以有无数个值,例如温度。连续变量的值通常
用(经过四舍五入的)数字表示,也可以用小数表示(如 15.3)。在
NCA 中,我们假设 X 和 Y 是有界限的,因此有最小值和最大值。界
限可以很大,但不是无限的。一个人的身高可以很高,但不能无限
高;创新绩效可以很高,但不能无限高。在图 2.4 中,X 和 Y 的最小
值和最大值被标准化为 0 和 1。因此,二分的、离散的和连续的 X 和
Y 值可以在界限 0 和 1 之间有两个(二分的)、有限个(离散的)或无
限个(连续的)水平。

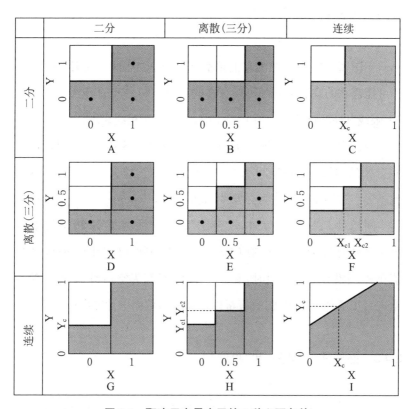

图 2.4　取决于变量水平的 9 种必要条件

图 2.4A 显示了"二分必要条件",其中 X 和 Y 都是二分的。在图 2.4B 中,X 是离散的,有三个水平(三分的),Y 是二分的。在图 2.4C 中,X 是连续的,Y 是二分的。在图 2.4D 中,X 是二分的,Y 是离散的。图 2.4E 显示了 X 和 Y 都是离散时的"离散必要条件"。在图 2.4F 中,X 是连续的,Y 是离散的。在图 2.4G 和图 2.4H 中,Y 是连续的,X 分别是二分的和离散。图 2.4I 显示了 X 和 Y 都是连续时的"连续必要条件"。

2.4.2　空白空间、上限线和效应量

在图 2.4 中,所有图的左上角都有一个空白空间。在案例(几乎)不可能存在的空白空间和可能存在的其余空间之间的边界线被称为"上限线"(ceiling line)。在图 2.4 中,上限线用粗线表示。

空白空间的存在表明 X 是 Y 的必要条件。这意味着 X 制约 Y,Y 受 X 的制约。空白空间越大,X 对 Y 的制约越大,Y 受 X 的制约就越多。这种制约被称为必要性"效应量"(effect size)。效应量是空白空间相对于总空间的大小。"范围"(scope)是给定 X 和 Y 最小和最大水平的总空间大小,效应量(d)是空白空间除以范围。效应量的值在 0(当没有空白空间时)和 1(当总空间都为空白时)之间。第 4章进一步解释了上限线、效应量以及如何从数据中计算出效应量。

2.4.3　必要性之"类别"和"程度"

存在一个空白空间,因此必要性效应量大于 0,可能表明存在一

个"类别型"必要条件。这是一个关于必要性的定性陈述,可以表述为"X 对于 Y 是必要的"。当 X 或 Y 是离散的或连续的,也可以表述为一个"程度型"必要条件。这是一个关于必要性的定量陈述,通常可以将其表述为"X 水平对于 Y 水平是必要的"。在图 2.4B 中,"X=1 对 Y=1"是必要的。在图 2.4C 中,至少 $X=X_c$ 对 Y=1 是必要的。在图 2.4 D 中,X=1 对 Y=1 是必要的。在图 2.4E 中,至少 X=0.5 对 Y=0.5 是必要的,X=1 对 Y=1 是必要的。在图 2.4F 中,至少 $X=X_{c1}$ 对 Y=0.5 是必要的,至少 $X=X_{c2}$ 对 Y=1 是必要的。图 2.4G 中,X=1 对 $Y>Y_c$ 是必要的。在图 2.4H 中,至少 X=0.5 对 $Y>Y_{c1}$ 是必要的,X=1 对 $Y>Y_{c2}$ 是必要的。当 X 和 Y 在一个 XY 图上都超过二分时,可能表述出几种"程度型"必要条件陈述。在图 2.4I 中,基于上限线上的点 C,上限线代表了无限个程度型必要条件:$X \geqslant X_c$ 是 $Y=Y_c$ 的必要条件。点 C 基本上将变量 X 和 Y 在截断点 X_c 和 Y_c 进行了二分,形成了如图 2.1B 所示的二分必要条件。上限线上的任一点会产生另一个二分必要条件。通过移动上限线上的点,必要条件在程度上发生变化。因此,我们可以说,上限线代表了一组无限的二分必要条件。

2.4.4 空白空间的位置和形状

图 2.4 中的空白空间位于左上角。然而,类似于二分案例(图 2.2),空白空间可以在任何角落,这取决于 X 缺乏或存在是 Y 缺乏或存在的必要条件,在离散和连续案例中,空白空间也可以在任何角落,这取决于 X 是低或是高是否是 Y 是低或是高的必要条件。

图 2.5 说明了连续必要条件。

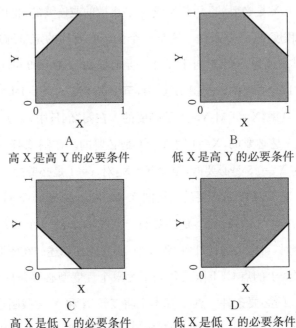

A
高 X 是高 Y 的必要条件

B
低 X 是高 Y 的必要条件

C
高 X 是低 Y 的必要条件

D
低 X 是低 Y 的必要条件

**图 2.5 "X 是 Y 的必要条件"的四种连续必要条件表示
(取决于 X 是低或是高是否是 Y 是低或是高的必要条件)**

2.5 实践和研究中的必要性逻辑

在第 1 章中我曾说过,必要性逻辑无处不在。实践者在采取行动时经常使用必要性逻辑。例如,想要为组织提供变革建议的管理顾问不会关注所有可能影响变革的因素。它们区分了成功变革必须存在的"必要"因素(因此是必要条件)和"有就好"("nice to have"或

"cool")因素,后者平均而言可能会影响变革,但如果缺乏的话也不会阻碍成功("促进因素")。这些促进因素的缺乏可以由其他因素来弥补。例如,被称为 MoSCoW 的流行咨询方法,是为成功的项目管理确定优先因素的一种工具。M 代表"必须有"(Must haves),S 代表"应该有"(Should haves),C 代表"可以有"(Could haves),W 代表"不会有"(Won't haves)。"必须有"是必要条件;其他是促进因素。一个"必须有""描述了在最终成功的解决方案中必须满足的一个要求"(International Institute of Business Analysis,2009:102)。MoS-CoW 方法建议把大部分时间花在必要因素上。

在实践中,当预期的结果出现时,必要条件常常被称为"关键成功因素":要想成功必须存在的因素。当使用"关键成功因素"一词时,其必要性含义通常较为含蓄。然而,这里有一个将关键因素明确定义为必要条件的例子:

关键成功因素(CSF)是一个商业术语,指的是一个组织或项目为完成其使命所必须具备的因素(Ranjan and Bhatnagar,2008:5)。

此外,在研究中,"关键成功因素"和其他必要性的替代词汇(参见专栏 2.1)是常规的,研究者可能并不总是能意识到它们的逻辑意义。然而,研究者在使用"必要条件"或"必要但不充分"时,可以明确地指向必要性逻辑。Goertz(2003)在政治学中收集了 150 个此类陈述的示例,在过去的几年里,我在商业和管理研究中收集了相近数量的必要条件陈述。一些来自领先商业和管理期刊的示例如专栏 2.2所示(重点已加粗)。

专栏2.2   商业管理研究中"必要但不充分"的陈述示例

- "……财务激励是激励高管的**必要但不充分条件**"
  (Pepper et al., 2013:45)。

- "……企业家证明先前业绩的能力是成功的**必要但不充分条件**"(Treadway et al., 2013:1536)。

- "……知识资产是获得竞争优势的**必要但不充分条件**"
  (Swart and Kinnie, 2010:64)。

- "管理关系是商业成功的**必要但不充分条件**"(Peng and Luo, 2000)。

- "一套独特的知识和技能,对新想法的接受能力和机会识别的技能,都是创新的**必要成分**"(De Winne and Sels, 2010:1864)。

- "然而,我们的贡献是表明,尽管这些社会关系可能是跨业务部门高效合作的**必要但不充分条件**"(Martin and Eisenhardt, 2010:293)。

- "……更高质量的人力资源管理系统将成为提供长期竞争优势资源的组织基础设施形式的**必要但不充分条件**"
  (Huselid and Becker, 2010:423)。

- "……由高感知质量和高 CBI(消费者品牌识别)水平协同作用下产生的强化信任构成了消费者参与身份提升行为的**必要但不充分条件**"(Lam et al., 2012:312)。

- "……一个丰富的关系背景为企业风险部门的生存提供了**必要但不充分条件**"(Hill and Birkinshaw, 2014:1907)。

(续表)

> - "虽然之前很多关于吸收能力的研究只关注吸收能力方面,但我们的结果表明,能力是**必要的,但不是充分的**"(Minbaeva et al.,2014:48)。
> - "国际一致性是实现联合经济的**必要但不充分条件**"(Celo and Chacar,2015:626)。

早前的一个例子来自迈克尔·波特(Michael Porter)在其著作《国家竞争优势》(1990)中提出的颇具影响力的理论。虽然有些含蓄,但他的理论是基于一个国家可持续竞争成功的四个必要条件。波特(1990:74)这样评价其理论所依据的研究:

[这项研究]试图将构成国家竞争优势的基本力量与特殊力量区分开来。

波特寻找成功案例(具有竞争优势的国家)的共同因素("基本力量"),发现了四个必要条件;他把这些描绘成钻石的棱角。这四个条件是:"要素条件",即生产要素,如技术工人或基础设施;"需求条件",与国内工业的国内市场性质有关;"相关和支持产业",在国内具有国际竞争力的供应商和其他相关产业;以及企业的"战略、结构和竞争",关于国家治理公司创建、组织和管理的状况,以及国内竞争的性质。波特(1990:73)将"钻石"理论模型明确地表述为如下必要条件:

在构成发达经济体支柱的知识密集型产业中,围绕"钻石"的优势,对于取得和保持竞争成功是必要的。

显然,在研究和实践中,必要性逻辑无处不在。在很长一段时间里,没有工具可以识别数据集中的必要条件。通过将 NCA 添加到研究工具箱中,分析数据的新方法已经成为可能,从而产生新的理论和实践见解。

2.6 小结

在本章中,我介绍了 NCA 的哲学背景,并得出结论:大多数 NCA 研究采用实证主义观点,无论是定性研究还是定量研究。这意味着假定"存在一个事实(truth)",该事实使用 NCA 调查。我介绍了 NCA 基础性的必要性逻辑,如何表述这种逻辑,以及必要性逻辑如何在必要条件 X 和结果 Y 之间产生期望的数据模式。如果 X 存在是 Y 存在的必要条件,那么我们可以预期在 XY 图或散点图的左上角会出现空白空间。我讨论了必要性的确定性视角和概率视角,因为这两种视角都是可行的。我还表明了必要性逻辑不仅适用于有两个水平的二分变量,也适用于有更多水平的离散变量和连续变量。这允许我们可以通过程度来表述必要性条件:"X 的水平对于 Y 的水平是必要的。"最后,我论证了必要性逻辑在研究和实践中是普遍存在的。

3 NCA 的基本组成部分

3.1 本章概览

在本章中,我将讨论 NCA 的基本组成部分。它们是理论陈述(假设)、数据和数据分析。假设的目的是为了明确研究者对前因 X 和结果 Y 之间必要关系的期望。我讨论了什么是理论,什么是理论的核心特征,以及一个假设如何起源于理论。数据的目的是为了提供来自现实中的条件 X 和结果 Y 的信息以寻找必要性的证据。我讨论如何依据研究策略、案例选择与抽样、测量等方面来收集数据。这将产生一个需要分析的分数数据集(dataset of scores)。数据分析的目标是用这些分数来检验所提出的必要性假设的合理性。NCA 的三个基本组成部分并不是 NCA 所独有的,绝大多数研究方法都有这些组成部分。然而,NCA 的操作可能有所不同。假设是基于必要性逻辑的,收集数据是为了寻找必要性关系的证据,必要性的数据分析与传统的数据分析方法有根本的不同。在本章中我将讨论每一个基本的组成部分,解释它们的一般性和在 NCA 中的独特性。在第 4

章中,我将详细介绍 NCA 的数据分析方法。

3.2 理论陈述

3.2.1 理论

"没有什么比一个好的理论更实用的了"(Lewin,1943:129)和"坏的理论正在破坏良好的实践"(Groshal,2005:75)。这些陈述表明有了一个好的理论(一个"被证明"的理论),我们就可以对该理论适用的理论域中的任何情况作出预测。但如果理论不好,那么预测可能是错误的。通常需要很长时间来发展一个理论,并对其进行实证检验,直到我们相信这个理论有足够的支持来应用它。因此,我们不能"证明"一个理论,我们只能通过反复检验使它更可信,直到被利益相关者接受为"真"(true)理论。因此,一项单独的研究永远不能证明一个理论,只能"支持"或不"支持"它。在技术和医学科学领域,有许多"被证明的"理论在日常生活中被充分使用。"循证实践"(evidence-based practice),即基于实证支持的理论进行实践,在工程学(循证工程学)和医学(循证医学)中很常见。包括商业和管理在内的社会科学在这方面还不太成熟,例如,管理实践者的"循证管理学"仍然很少见。原因是社会科学中的许多理论较为新颖,还没有得到充分的发展和彻底的检验。这有几个原因:第一,社会科学与技术和医学相比,其发展相对较晚;第二,与其他科学相比,社会科学相对规模较小,包括在研究经费方面;第三,社会科学研究复杂、多因的社会结构。在自然科学中,只是少数几个变量就可以预测一个结果,而在社会科学中,即使有几十个变量也只能预测部分结果。爱因斯坦用两个变量就能预测核能:质量和光速($E = mc^2$),以及用距离和时间就能预测汽车的行驶速度。Finney 和 Corbett(2007)发现至少有 26 个因素有助于商业软件的成功实施;Evanschitzky 等(2012)发现,至少有 20 个因素有助于成功开发新产品;DeNeve 和 Cooper(1998)发现不少于 137 种有助于主观幸福感的人格特征。然而,这些因素只能解释部分结果。前因因素之间的相互作用以及它们如何导致结果在很大程度上还不清楚,包含许多因素的研究试图解开这种复杂性。

　　NCA 可以通过开发易于检验和重复检验的理论陈述来降低社会科学理论的复杂性。NCA 并不试图用复杂的"所有"因素来解释结果的存在,这在社会科学中似乎是不可能的任务,而是关注一些对于理论和实践都真正重要的因素。NCA 聚焦于单一因素,这个因素的缺乏几乎可以完美地预测结果的缺乏:必要前因。NCA 忽略通过大量因素预测结果存在的这类因果关系。因此,NCA 不能也不试图预测结果的存在。NCA 只作相对简单的理论陈述,来预测当条件缺乏时保证结果也缺乏。可以很容易地发展和简单地检验这样的必要性理论陈述。例如,Guilford 在 1967 年提出的智力对于创造力是必要的这一理论就很简单。它只有两个因素:智力和创造力。在 NCA 变得可用后不久,Karwowski 等(2016)首次用 NCA 检验了这一理论陈述。一年内,这一结果在另外两项研究中得到了复制(Shi et al.,2017;Karwowski et al.,2017)。这个例子表明,在很短的时间内,必要性理论陈述可能会得到反复的支持,这可以作为循证实践的基础,如"确保必要条件到位,否则失败是不可避免的"。因此,必要性理论陈述可以相对简单("简约"),并且是理论的重要组成部分。

3.2.2 命题

理论的核心是一个或多个"命题"。一个命题是关于概念之间关系的因果陈述。在其基本设定中,命题由两个概念和概念之间的理论关系组成。在图 3.1(A 和 B)的两个概念模型中,概念用矩形表示,相应的关系用箭头表示。

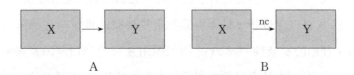

A   B

图 3.1 前因 X 和结果 Y 之间的关系

注:A 为 X 和 Y 之间未明确的关系。B 为 X 和 Y 之间明确的必要性关系。

图 3.1A 表示命题"X(前因)对 Y(结果)有影响"。除了"正向"或"负向"外,一个命题的表述往往没有给出 X 和 Y 之间关系类型的细节。在传统模型中,"正向"关系意味着 X 的存在或高水平的 X 平均会产生 Y 的存在或高水平的 Y。这表示充分性逻辑。然而,命题"X 对 Y 有影响"也可以用必要性逻辑来解释为:"X(前因)对 Y(结果)是必要的。"为了强调 X 和 Y 之间必要性关系的理论假设,可以在箭头上添加字母"nc"(表示必要因果关系或必要条件关系),如图 3.1B 所示。

除了概念(X、Y)和它们之间的关系(命题),理论还有其他两个重要特征。然而,这些特征通常是隐含的,在命题中没有表述,在概念模型中也未被可视化。理论和命题的两个"看不见的"特征是"焦点单位"(focal unit)和"理论域"。当你表述一个理论陈述时,我建议你也明确地表述这些特征。理论和命题适用于某一特定的焦点单位。具体的焦点单位取决于所研究的现象。当研究人员研究一个人的年龄(X)和身高(Y)之间的关系时,焦点单位是"人"。当研究者研究一个国家的文化对其创新绩效的影响时,"国家"是关注的焦点单位。焦点单位的其他例子有"员工""团队""公司""部门"和"项目"等。一个更复杂的焦点单位是"采购商—供应商关系",如 Van der Valk 等(2016)关于契约和信任对创新绩效影响的研究中所论述的。单一案例研究就是研究一个理论的焦点单位中的一个实例(案例),例如一个人、一个国家或一个团队。在小样本(小 N)研究中,选择焦点单位中的少数实例(案例)进行研究,而在大样本(大 N)研究中,选择焦点单位中大量的实例进行研究。N 指为特定研究选定的焦点单位中的案例数。

概念 X 和 Y 表示焦点单位的属性(例如一个人的年龄),对每个选择的案例必须测量其属性。属性可以是焦点单位的固有部分(例如一个人的年龄)或归因于它的因素(例如一个人的善良)。属性可以有不同的值(水平)。因此,一个案例就是一个实例,即焦点单位的实例或出现。当焦点单位是"人"时,你就是这个焦点单位的一个实例,因此是一个案例。此外,你、你的读者朋友、我以及世界上的每一个人都是该焦点单位的例子。然而,理论可能并不适用于焦点单位的所有案例。一个人的身高随着年龄的增长而增加的说法不适用于超过一定年龄的人。

理论域指定了一个焦点单位的实例的范围(universe),在该范围内理论和命题被认为是成立的。因此,一个恰当的理论说明包括四个要素:概念、命题、焦点单位和理论域。

3.2.3 假设

到目前为止,我在本章中主要讨论命题,而不是假设。"命题"和"概念"这两个词表明我们谈论的是理论。"假设"和"变量"这两个相应的词表明我们谈论的是经验现实。假设是理论命题在特定的经验环境中的操作化(operationalisation),在这个环境中,理论命题被检验或构建。同样,变量是理论概念的操作化,这个概念具有某些可以测量的属性。这个属性(如年龄)的值(水平、分数)可以变化,因此是一个"变量"。

在本书中,"假设"和"变量"这两个词将用于一个在经验现实中被检验的理论陈述。理论的焦点单位和理论域也适用于假设及其变量。因此,图 3.1 可以被用来表示理论——一个表明两个概念之间因果关系的命题——或者用来表示经验现实——一个表明两个变量之间因果关系的假设。解释概念/自变量(通常在左边)是(假定的)前因 X,被解释概念/因变量是结果 Y。箭头从左到右指向因果方向:先有 X,然后有 Y。

从现在开始,我只讨论假设。因此,假设是关于某个理论域中某个焦点单位的变量之间关系的理论主张。研究者可以根据先前的研究、实践经验和逻辑推理等,认为 X 和 Y 在现实中存在一定的因果关系。当一个假设表明两个变量是相关联(协变、相关)时,并没有具体说明是哪个变量导致了另一个变量;这可以用两个变量之间的一条线来表示。一般来说,我们感兴趣的是因果关系,即箭头的方向。在应用科学,包括商业和管理研究中,X 通常是一个在实践中可被影响的变量,Y 是一个在实践中感兴趣的变量。专栏 2.2 中的所有示例都有一个可管理的 X、一个感兴趣的 Y 以及 X 和 Y 之间假定的必要因果关系。

使用传统数据分析(如回归分析)的研究隐含地假设 X 和 Y 之间存在平均的关系,该模型预测了给定 X 的平均 Y。这样假设的关系被认为在平均上适用于所有合并在一起的案例,而不是分别适用于每个案例。不过,这些假设通常在案例层面被解释为"平均案例"或"典型案例"的假设。然而,这种案例是很罕见的。例如,很少有一家一般公司的业绩与某个给定 X 所预测的平均业绩完全一致。根据平均的定义和正态分布的假设,一半公司的业绩将较低,一半公司的业绩将较高。

在 NCA 中,我们处理必要性逻辑,从而处理 X 和 Y 之间的必要性关系。该假设声称 X 是 Y 的必要条件。必要性假设声称几乎对于每一个案例 X 使能 Y(允许 Y)或 X 约束 Y(是 Y 的瓶颈),而非 X 产生 Y(平均地)。

对于平均趋势假设,有时会在关系中添加一个正号或负号。那么就意味着 X 和 Y 有一个递增或递减的关系,通常是一条直线:线性。一个正号表明平均而言,较高的 X 值产生较高的 Y 值:"如果 X 增加,那么 Y 很可能增加。"正号还表示平均而言,X 值越小,Y 值越小:"如果 X 减小,则 Y 很可能减小。"负号表示平均而言,X 值越高,Y 值越低,如果 X 值越低,Y 值越高。对于必要性假设,加上正号或负号没有多大意义。必要性关系的类型应当明确区分。

当假设用定性术语表述为"X 是 Y 的必要条件"时,字母"nc"被添加到箭头上,该假设通常意味着 X 的存在或高水平的 X 是 Y 的存在或高水平的 Y 的必要条件。这种解释可以通过在箭头上添加符号"＋nc＋"来强调(图 3.2A)。"nc"左边的"＋"表示前因 X 的存在或高水平的 X,"nc"右边的"＋"表示结果 Y 的存在或高水平的 Y。也有可能 X 的存在或高水平的 X 是 Y 的缺乏或低水平的 Y 的必要条件(图 3.2C)。例如,这适用于假设"社会支持的存在对于压力的缺乏是必要的"。在本示例中,符号"＋nc－"可以被添加到箭头上。"nc"左侧的"＋"表示前因 X 的存在或高水平的 X,"nc"右侧的"－"表示结果 Y 的缺乏或低水平的 Y。同样,符号"－nc＋"(图 3.2B)和"－nc－"(图 3.2D)也是可能的。当仅使用"nc"时,意味着研究者没有在假设中具体说明 X 和 Y 的存在或缺乏,可能是因为他们不能就 X 对 Y 的存在或缺乏提出主张,研究的目的是探索出特定假设的必要关系。

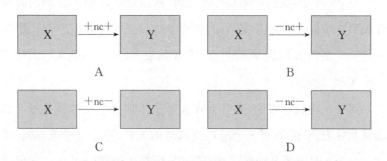

图 3.2 描述必要前因 X 和结果 Y 之间关系的必要条件假设的表示

注:A 指"X 的存在或高水平的 X 对于 Y 的存在或高水平的 Y 是必要的"。
B 指"X 的缺乏或低水平的 X 对于 Y 的存在或高水平的 Y 是必要的"。
C 指"X 的存在或高水平的 X 对于 Y 的缺乏或低水平的 Y 是必要的"。
D 指"X 的缺乏或低水平的 X 对于 Y 的缺乏或低水平的 Y 是必要的"。

假设一个结果需要不只一个必要条件的变量是可能的。例如，图 3.3A 显示了具有两个必要条件的理论陈述。每个箭头代表一种必要性关系。

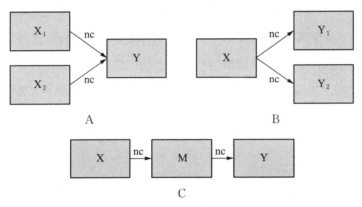

图 3.3 具有必要性关系的概念模型示例

注：A 指两个必要条件 X_i 和一个结果 Y。
　　B 指一个必要条件 X 和两个结果 Y_i。
　　C 指 X 对 M 是必要的，M 对 Y 是必要的。

一个必要条件也可能对两个结果产生影响（图 3.3B）。也有可能 X 对 M 是必要的，M 对 Y 是必要的（图 3.3C）。换句话说，M 是一个必要中介（necessity mediator）。M 是必要条件 X 的结果，又是结果 Y 的必要条件。如果 X 是 M 的必要条件，M 是 Y 的必要条件，那么 X 也是 Y 的必要条件。必要条件不是变量的固有属性，而是如假设中所述在变量与其他变量的关系中所起的作用。作为复杂因果"平均效应"模型（例如在多元回归模型或结构方程模型中）组成部分的任何变量（理论上）也可以作为必要条件。也有可能在复杂因果"平均效应"模型中的任何因素都不是必要的。

大多数假设都是定性的二元陈述。例如，可以用回归分析来检

验理论上的主张"平均来说,X 对 Y 有正效应"。这个假设的答案是
"是"还是"否",这取决于回归线的斜率是否为零(以及结果是否具有
统计显著性)。可以用 NCA 检验定性的二元理论主张"X 对 Y 是必
要的"。答案是"是"还是"否"取决于是否存在上限线,以及效应量是
否高于某个阈值(以及结果是否具有统计显著性)。因此,这种定性
的二元假设被称为"类别型"假设,其中回归线或上限线在假设中并
未明确。"程度型"假设中明确了预期的回归线或上限线。大多数的
平均效应假设和必要条件假设都可以表述为"类别型"假设。

3.2.4 表述 NCA 假设

包括商业和管理在内的社会科学领域的实证研究人员通常需要
作出理论贡献,并在收集和分析数据以检验这些陈述之前,明确表述
他们的理论预期,至少在实证框架内是这样。因为"对于任何研究领
域,人们都可以找到重要的必要条件假设"(Goertz and Starr,2003:
65—66),所以在你的研究领域中,表述理论上的必要性陈述相对容
易。我区分了四种现有的必要性陈述:在研究界被广泛接受的明确
表述的必要性陈述;在研究界不被广泛接受的明确表述的必要性陈
述;不被接受的和隐含表述的必要性陈述;以及新的必要性陈述。对
于"明确表述",我的意思是使用"必要的""必要性"或"必要条件"等
词来指代因果关系。对于"隐含表述",我的意思是暗示必要性逻辑
但不使用"必要的""必要性"或"必要条件"等词来指代因果关系(参
见专栏 2.1)。"被接受的必要性陈述"的意思是,研究界讨论这个陈
述时接受必要性逻辑是显而易见的。"不被广泛接受的必要性陈述"

的意思是,很明显,研究界并不使用必要性逻辑来讨论这个陈述,而是使用基于影响因素(contributing factors)和平均趋势的逻辑。

明确表述和被接受的理论必要性陈述很少。一个被公认的必要性陈述的例子,即智力是创造力所必需的,该陈述最初由 Guilford 在 1967 年提出,此后被智力心理学和创造力研究界广泛应用。因为该理论陈述已经用必要性逻辑明确地表述出来,并且已经被广泛接受,所以对于为什么用 NCA 来检验这一假设没有必要再进行较多的理论论证。Karwowski 等(2016)、Shi 等(2017)和 Karwowski 等(2017)用 NCA 检验了这一假设。你可以通过第一次或再次使用 NCA 检验一个已确立的和被广泛接受的理论必要性陈述来作出重要贡献。然而,已确立并被广泛接受的理论必要性陈述是零星的。

明确表述但不被接受的理论必要性陈述更为常见。这些陈述的示例参见专栏 2.2。此外,波特(1990)关于国家竞争优势的理论,即四个"钻石因素"理论有着明确表述的必要条件陈述,但波特的理论并不以必要条件理论而闻名,钻石因素被视为对竞争绩效有平均贡献的因素。在这种情况下,你可以通过强调表述的必要性陈述以及通过强调关系的必要性本质的逻辑论证作出重要贡献,这也证明了使用 NCA 检验它们是合理的。

隐含表述和未被广泛接受的理论必要性陈述甚至可能更为常见。试图用多个预测因素预测结果的社会科学理论关注的是平均趋势。然而,理论陈述也经常使用类似于专栏 2.1 中所示的例子的措辞来暗示必要性逻辑。通过给出 X 和 Y 之间关系的必要性本质的逻辑论证,使隐含的必要性关系显式化,超出平均关系的重要性,并应用 NCA 来检验必要性假设,这样可以作出重要的贡献。特别是你可以证明为什么没有该条件结果就不能出现,以及为什么不能用其他因素来补偿该条件的缺失。

检验显式或隐式的现有理论必要性陈述不仅对研究者是高效率的,因为它们可以从现有文献中选择,而且对研究和实践都是很有价值的贡献。现有的理论必要性陈述可能已经在早期的研究中表述过,但可能没有经过(数据的)实证检验。此外,现有的和未经证实的陈述可能在实践中得到广泛应用("使用中的必要性理论"),但可能尚未得到检验。检验未经检验的理论陈述是对研究和实践有价值的贡献。即使理论陈述之前已经通过检验,进行另一个检验也是有价值的贡献,因为只有在多次复制之后,才能获得理论陈述"为真"的信心。在社会科学中,复制性研究还不如(尚不如?)在技术和医学方面的表现那样出色。研究中的许多守门人,如导师、同行和期刊编辑,期望研究人员和研究项目产生新颖的理论贡献,重新检验现有的理论陈述通常不如开发和检验新的理论陈述那样被视为贡献。

最后,你可以发展你自己的新的理论必要条件陈述。这样做的一种方法是评估一个对结果产生平均效应的因素是否也可能是一个必要条件。评估先前研究中的影响因素及其对结果的作用机制,可以激发 NCA 研究人员提出影响因素对结果也是必要的。例如,Van der Valk 等(2016)的研究和 Knol 等(2018)的研究建立在现有理论的基础上。Van der Valk 等(2016)注意到在现有平均效应研究中,"合同细节"被认为是采购商和供应商合作实现成功创新绩效的一个重要因素。他们引入了拥有详细契约与创新成功关系的必要性假设,并用 NCA 检验了这一假设。同样,Knol 等(2018)在现有研究中发现管理层承诺对精益生产的成功大体上具有重要意义,提出了管理层承诺对于精益生产成功是必要的条件假设,并用 NCA 对该假设进行了检验。因此,你可以通过率先提出 XY 关系的必要条件陈述来作出重要贡献,这些 XY 关系曾经仅仅通过平均效应方法来表述和检验,比如多元回归分析或者结构方程模型。为什么 X 对 Y(平均来说)很重要的机制可能已经解释过了。你可以补充的是,X 不仅平均而言是重要的,而且是必要的,没有补偿的可能性。因此,通过假设理论的某些概念和结果之间存在必要性关系来扩展现有理论相对容易。在平均趋势模型中具有任何角色的任何概念,例如自变量概念、调节概念或中介概念,当有理论支持的时候,都可以作为必要条件的候选概念。此时,这一概念不仅是平均影响结果的一个重要因素,而且对于结果也是一个必要条件。

也可以将现有模型中使用的总体"潜概念"(latent concepts)的维度视为单独的潜必要条件。例如,一个人的"幸福"的潜概念可能包括几个方面,如"家庭幸福"和"工作幸福"。即使组合概念"幸福"可能不是一个必要条件,一个或多个单独的维度对结果而言可能是必要的。理论陈述可以通过使用专栏 2.1 中的使能措辞示例,即 X 是 Y 的使能因素,或者通过使用专栏 2.1 中的约束措辞示例,即 X 是 Y 的约束因素。在附录 1 中,我给出了当你只制定了一个一般的研究主题或一般的研究问题时,如何提出一个新的必要条件假设的进一步建议。

3.3 数据

NCA 的下一个基本组成部分是用于分析必要条件的数据。虽然 NCA 的重点是"数据分析"而不是"数据",但数据分析的质量取决于数据的质量。因此,我将简要解释我所说的好数据是什么意思,它是如何成为 NCA 分析的先决条件,以及 NCA 的结果如何会因为不好的数据而产生偏差。数据的质量取决于研究策略的选择(实验研究、小 N 观察研究或大 N 观察研究),案例如何选择或取样(目的抽样、概率抽样或便利抽样),如何有效可靠地测量,以及 NCA 数据分析的数据集是如何组织的。我将在下面讨论这些因素。

3.3.1 研究策略

"研究策略"(或"研究设计")指用于检验必要条件假设的研究类型。研究策略主要分为实验研究和观察研究两大类。在实验研究中,研究人员在实验室或现场操控自变量,并观察这种操控对结果的影响。除操控因素外,其他所有因素都被控制或假定为不变,这样因变量的变化可以被归因于自变量的变化。该实验的黄金标准是随机对照试验(randomised control trail,RCT),案例被随机分配到"对照组"和"实验组",在"对照组"中,自变量不被操控,在"实验组"中,自变量被操控。通过比较两组的结果,可以得出一个关于操控对结果的因果效应的结论。从实证主义者的角度来看,实验被认为是进行因果推断的最佳研究策略,因为它最适合对结果进行因果解释。

在通常的实验中,X 和 Y 缺乏或水平较低。然后通过增加 X 值来操控实验组的 X 值,并观察实验组与对照组相比,是否出现了对 Y 的预期效应(增加)。这是一个充分性实验:X 产生 Y。在这一组案例中,通常可以观察到 X 对 Y 是否有平均影响。在必要性实验中,X

和 Y 存在或有较高的水平。然后将实验组的 X 降低,并观察实验组与对照组相比,是否出现对 Y 的预期效应(降低)。预计这种效应在几乎每个案例中都会发生。例如,在一个想象的必要性现场实验中,研究一个公司的两个相似的成功部门。两个部门都有一个强有力的领导,这被假设为一个关键的成功因素或成功的必要条件。在现场实验中,一个部门中强势的领导者被替换为一个弱势的领导者。一段时间后对这两个部门的成功进行测度,研究人员评估有弱势领导者的部门(实验组)的成功与有强势领导者的部门(对照组)的成功相比是否有所下降。如果是这样,必要性假设就得到了支持。图 2.4G 可以代表本次实验的数据,其中 X=0 代表弱势领导者,X=1 代表强势领导者,Y=1 代表部门成功,Y=Y$_c$ 代表下降后的部门成功。

在商业和管理领域,出于实用的原因,实验研究往往并非首选。对 X 的操控可能是不可能、不可取或不实际的。然而,值得考虑在 NCA 中运用实验策略并思考这样的实验会是什么样子。我有两个理由支持这个建议。第一,许多研究人员过快地指出,在他们的情况下做实验是不可能的。经过仔细考虑,这也许是可能的。第二,如果研究者不选择做实验,而是进行观察性研究,他们可以明确不做实验的原因,并可以在讨论观察性研究在因果解释方面的局限性时报告这些原因。以平均趋势、充分性为基础的实验的一个普遍缺点是可以操控的变量少且水平有限。这是一个缺点,因为只有几个变量的可加性充分性模型通常不能很好地预测结果的存在,因为很多因素都会影响结果。这一缺点对 NCA 的影响较小,因为 NCA 关注单变量的必要性效应,单变量的缺失是结果缺失的一个很好的预测因素。

目前,商业和管理方面的研究大多是观察性研究。观察性研究没有操控变量,而是保留了真实生活中的本来情境。与实验研究相比,观察性研究具有更多的"生态效度"(ecological validity),这意味着结果在多重因果的现实生活中可能具有更好的普遍性和适用性。NCA 的观察性研究策略与其他观察性研究策略没有什么不同。在观察性研究中,对观察到的 X 和 Y 之间的关系作出因果解释更为困难。因果解释高度依赖于理论支持。观察性研究可分为小样本观察性研究(如案例研究)和大样本观察性研究(如调查研究)。小样本研究和大样本研究的区别不仅仅是研究的案例数(N)。在小样本研究中,研究人员有更多的机会考虑复杂的环境。小样本研究可以是单案例研究,也可以是少数案例研究(比较案例研究)。在一个大样本的观察性研究中,研究人员有机会概括结果并进行统计分析。

3.3.2 案例选择(抽样)

一个案例是一个理论的焦点单位中的单一实例(例子)。如果焦点单位是(一个公司的)员工,那么案例就是员工而不是公司。要获得数据,必须先选择案例。案例选择(抽样)对于任何研究来说都是重要的选择。案例必须从理论域中选择,因为假设被假定在该域内成立。例如,年龄对身高有影响这一假设定义的理论域可能是 20 岁以下的年轻人。那么,选择一个 45 岁的人就没有意义了。图 3.4 中的方框代表一个理论域,其中每个点都是一个案例。对于小样本观察性研究,通常是在理论域中出于一定目的选择案例。这种类型的案例选择被称为"目的抽样"。例如,对于小样本的 NCA,可以有目的性地选择结果水平较高的案例,检验这些案例是否具有高水平的条件,从而检验左上角是否为空。当观察到高水平 Y 和低水平 X 的案例时(即在空白空间的案例),必要条件假设就被证伪了。换句话说,必须选择这样的案例,以便评估期望的空白空间是否为空。

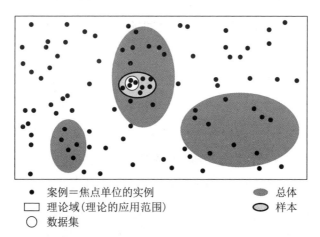

图 3.4 假定假设成立的案例的理论域显示三个总体、一个样本和一个数据集

资料来源:改编自 Dul 和 Hak(2008)。

当结果是一个二分变量(缺乏/存在、低/高、失败/成功、0/1 等)时,这是一个特别的选择。目的性案例选择有两种方式。第一种可能性是选择结果存在的案例,即成功案例,并检验左上角空间是否为空。这被称为基于因变量存在的案例选择(Dion,1998)。因为成功的案例都呈现相同的结果,例如所有怀孕的人都是女性,或者所有成功的组织变革项目都有高级管理层的承诺,这些案例可以被用来证伪"条件对于结果存在是必要的"这一假设。发现一个没有管理层承诺的成功组织变革的案例,将证伪必要条件假设(在必要性的确定性观点中)。当研究人员在正式测度之前,可以相对容易地评估案例存在结果时,选择结果存在的案例可能是有效的。例如,在一项 10 个国家的小样本研究中,波特只选择了成功的贸易国家来寻找成功的必要条件。必要性检验的案例选择的第二种可能性是选择条件缺失的案例,并检验左上角的空间是否为空。第一种方法通常比第二种更有效率。当结果变量有两个以上的水平时,目的抽样就会变得更加复杂,并且可能不实用。

在大样本研究中,为了进行必要性检验,必须选择理论域内的案例"总体"。通常,从中选择总体的理论域不是同质的。因此,在理论域内的案例总体可能有不同的特征。对于大样本研究,"普查研究"将是最优的:从总体中选择所有的案例,这样就可以直接检验关于总体的必要性理论。那么,就没有必要从总体中抽取一个样本,并在统计上从样本推广到总体,因此也就不需要推断性统计。然而在实践中,总体往往很大,因此很难进行普查。在这种情况下,从总体中抽取案例样本来代表该总体。这个样本只能代表抽取样本的总体,而非整个理论域。对于统计推断,即从样本到总体的统计概括,有必要选择一个概率样本。例如,受到普遍鼓励的随机抽样能确保总体中的所有案例都有平等的机会成为样本的一部分。随机抽样可以通过从总体中所有案例的列表("抽样框")中随机抽取案例来获得。然而,并非所有来自总体的已选案例都可能出现在数据集中,例如当来自公司总体中的公司受邀参加一项研究,但实际上没有参与,这可能会导致"无应答偏差"(non-response bias)。当研究者选择一个便利样本时,即为便利而选择案例,例如研究人员可以访问的公司,这样从一个样本到总体的统计概括可能会有偏差。为了方便而选择样本在方法论上是不理想的,因为当从样本推广到总体时可能存在偏差。

便利样本只允许对样本而不是对总体进行陈述。对于任何样本,从一个样本到理论域的统计概括均是不可能的(除非理论域等于总体,例如当理论域很小并且有抽样框可用时)。只有用其他案例(小样本)或其他总体(大样本)的复制性研究,才有可能推广到该理论域。例如,在元分析中,几个研究的结果被结合在一起,在理论域的更大部分中作出超出单个总体的理论陈述。

然而,在社会科学中,样本很少是真实的概率样本(导致抽样偏差)。此外,通常只有一小部分案例被选择作为样本的一部分最终进入数据集,导致无应答偏差。在许多研究项目中,采用的是便利抽样而不是概率抽样,并且无应答偏差通常比较大,通常在 50% 以上[例如 Baruch 和 Holtom(2008)]。应该承认这些局限性,并且应该避免高估推断性统计的结果。结果描述了案例所在的样本,但可能不能概括到该样本之外。这些抽样问题并不是 NCA 独有的。任何数据分析方法都需要一个好的样本,以便能够代表研究人员想要推广结果的总体。复制性研究也是必要的。

3.3.3 测量

在案例被选择后,每个案例被进一步测量,以获得 X 和 Y 变量的分数。分数是根据数据赋给变量的值。数据是数据收集过程中产生的证据的记录。例如,当通过问卷收集数据时,受试者可以给一个等级量表数字,如 1—5 的李克特五分制量表。这些数字即是数据。通过组合这些数字,可以得到变量的分数。例如,当一个变量是用三个问题或项目来测量时,被试给出的数字的平均值可以作为该变量的分数。当评分表有 1—5 的 5 个水平时,变量的分数也在 1—5 之间(3/3＝1 至 15/3＝5),但变量可以有 13 个水平,即 3/3, 4/3, 5/3, …, 13/3, 14/3, 15/3。一般来说,分数可以有两个值(二分的)、三个或更多的值(离散的)或无穷多的值(连续的)。

测量的质量主要由信度(reliability)和效度(validity)两个方面决定。信度与测量的精度有关。如果相同的研究人员或其他研究人员重复测量,应获得相同的分数;如果不是这样,测量就不可靠。效度涉及研究者是否测量了那些期望被测量的问题,如果不是,案例的分数是无效的。当使用现有数据进行研究时,就接受了现有数据的质量。这种情况下,虽然不能影响数据的质量,但了解数据的信度和效度有助于理解该项研究的优点和缺点。

测量分数可以通过使用各种测量方法来获得,如观察、问卷调查、访谈、用仪器进行"硬"测量等。目标是获得感兴趣的案例的属性(X、Y)的分数。必须测量的变量是假设中的变量。有时研究者会收集额外的数据用于其他用途或后来的探索,但数据的收集必须集中在假设变量测量的质量上。

关于测量的详细讨论超出了本书的范围。

3.3.4 数据集

在测量之后,数据必须被组织并存储在一个数据集中,尽管数据集更好的名称应该是"分数的集合"(set of scores)。图 3.5 显示了一个研究数据的 Excel 数据集的典型格式,它也可以在 NCA 中使用。除了第一行是带有列名的标题外,每一行都是一个案例。除了具有

行名的第一列,每一列都是一个变量。该数据集的细节将在第 4 章
"NCA 数据分析"的 4.2 节"示例数据集"中讨论。

	A	B	C	D
1	Case	Individualism	Risk taking	Innovation performance
2	Australia	90	84	50.9
3	Austria	55	65	52.4
4	Belgium	75	41	75.1
5	Canada	80	87	81.4
6	Czech Rep	58	61	14.5
7	Denmark	74	112	116.3
8	Finland	63	76	173.1
9	France	71	49	77.6
10	Germany	67	70	109.5
11	Greece	35	23	12
12	Hungary	80	53	5.4
13	Ireland	70	100	62.3
14	Italy	76	60	19.7

图 3.5　一个包含 13 个案例(国家)和三个变量
(个人主义、风险承担、创新绩效)的示例数据集

3.4　数据分析

　　数据分析是 NCA 的核心。它的主要目标是通过分析数据集来
检验一个必要性假设。假设检验是将假设成立时预期的数据模式与
观察到的数据模式进行比较("模式匹配")。图 2.4 显示了不同必要
性条件类型以及不同水平的 X 和 Y 变量的预期数据模式。在"X 的
存在或高水平的 X 是 Y 的存在或高水平的 Y 的必要条件"这一必要
性假设中,可以预期 XY 图左上角出现空白空间。对于以 X 或 Y 的

"缺乏"或"低水平"来表述的必要性假设,另一个角落预计会出现如图 2.2 和图 2.5 所示的空白空间。数据分析包括评估实际数据是否表明预期为空的空间为空,量化空白空间的大小和精确度,并且评估空白空间是否可能是随机的结果(统计显著性检验)。如在第 4 章中所展示的,数据分析需要以下几个步骤:

- 步骤 1:用图形表示 XY 的关系:XY 列联表或 XY 散点图。
- 步骤 2:识别空白空间。
- 步骤 3:画上限线。
- 步骤 4:量化 NCA 参数。
- 步骤 5:评估 NCA 参数。
- 步骤 6:形成结论。

无论假设被拒绝还是得到支持,数据分析会给出一个陈述。研究人员可能会因假设被拒绝而感到失望。然而,假设检验的目标不是证实假设,而是试图证伪它。证实只是发现了预期的东西,但证伪假设是一个有价值的结果,可能会带来潜在的有趣的经验教训。一个假设被拒绝,至少有四个原因:

- 测量无效或不可靠。测量误差或其他方法上的误差可能导致假设被拒绝,尽管假设可能仍然成立。
- 假设只在一部分理论域中被拒绝,即它被检验的部分。这一假设在该域的其他部分可能仍然成立。
- 拒绝可能是随机的结果;如果是另一个样本,这个假设可能不会被拒绝。

● 拒绝可能表明假设和潜在的理论是不正确的。

最后一个结论很有力。研究人员有一个很好的理论上的理由来形成这个假设。所以,只有排除了其他拒绝的原因,才能得出关于假设和潜在理论不正确的强有力的结论。通常只有在该理论域的相同或不同部分进行多次复制性研究后,才能对一个假设及其理论的一般正确性得出更明确的结论。因此,当呈现单一案例研究的结果时,需要保持谦虚的态度。一个表现良好的单一实证研究增加了我们对理论必要性陈述的认识,但只有将不同研究的结果结合起来才能得出更明确的结论,例如在(未来)元分析中。这适用于任何数据分析方法。第 4 章详细讨论了 NCA 数据分析方法。

3.5 小结

在本章中,我提出了 NCA 的三个基本组成部分:理论陈述(假设)、数据和数据分析。假设代表了研究者关于条件 X 对结果 Y 的必要性的期望。可以通过在小样本研究中有目的地选择案例,或在大样本研究中抽取随机样本来检验假设。为了进行正确的数据分析,必须获得所有案例的具备效度和信度的 X 分数和 Y 分数。这些分数可以从现有的数据集或基于新测量的新数据中获得。然后,在数据分析中检验假设。

4 NCA 数据分析

4.1 本章概览

在本章中,我将逐步介绍 NCA 的数据分析方法。我假定你已经提出了一个或多个必要条件假设,并且有一个可以检验这些假设的数据集(参见第 3 章)。我区分了"列联表法"和"散点图法"这两种数据分析方法,前者是通过目视检查对数据进行定性分析,后者是通过 NCA 软件对数据进行定量分析。当你的数据集中,X 与 Y 的分数层级较小(最多 5 个)时,例如在小样本研究时,列联表法将非常有用。分数可以是定性的,比如文字(如低、中、高)或字母(如 L、M、H),但这些层级也可以编码为数字(如 0、0.5、1)。当你的数据集中,X 与 Y 的分数层级较多(超过 5 个),且分数为数字,比如在一个大样本研究中时,散点图法将更加有用。

我将用一个例子来说明这两种方法所需的步骤。首先,我将介绍在两种方法中共同使用的示例数据集。

4.2 示例数据集

在该示例中,我所检验的假设是:高水平的国家个人主义对于一个国家的创新绩效是必要的。因此,焦点单位是"国家",变量是个人主义(X)和创新绩效(Y)。我在一个由西方国家构成的总体中检验这个假设。西方国家被定义为历史上受西方基督教影响,使用拉丁字母,具有相似的文化和伦理价值观的国家(Huntington,1993)。该总体中大约有 70 个国家。我通过选择 25 个在个人主义和创新绩效方面都可获得分数的西方国家,得到了一个便利样本。个人主义得分来自 Hofstede(1980),创新绩效得分来自 Gans和 Stern(2003)。为了说明列联表方法,我从 25 个国家的样本中选择了 7 个国家。图 4.1A 和图 4.1B 分别展示了用于说明列联表和散点图这两种 NCA 数据分析方法的两个 Excel 数据集。用于说明列联表法的数据集(图 4.1A)中有 7 个 X 和 Y 被二分化(低和高)的案例。为了获得这样的定性变量分数,我将 50 和 100 分别作为个人主义和创新绩效的分割点。用于演示散点图法的数据集(图 4.1B)中有 25 个案例,其中,X 和 Y 是(近乎是)拥有很多水平的连续变量。对于图 4.1 中的每个数据集,第一列包含案例名(国家),第二列是个人主义的得分,第三列是创新绩效的得分。

	A	B	C
1	Case	Individualism	Innovation performance
2	Finland	High	High
3	France	High	Low
4	Greece	Low	Low
5	Italy	High	Low
6	Portugal	Low	Low
7	Switzerland	High	High
8	UK	High	Low

A

	A	B	C
1	Case	Individualism	Innovation performance
2	Australia	90	50.9
3	Austria	55	52.4
4	Belgium	75	75.1
5	Canada	80	81.4
6	Czech Rep	58	14.5
7	Denmark	74	116.3
8	Finland	63	173.1
9	France	71	77.6
10	Germany	67	109.5
11	Greece	35	12
12	Hungary	80	5.4
13	Ireland	70	62.3
14	Italy	76	19.7
15	Mexico	30	1.2
16	Netherlands	80	68.7
17	New Zealand	79	14.9
18	Norway	69	75.1
19	Poland	60	3.5
20	Portugal	27	11.1
21	Slovak Rep	52	3.5
22	Spain	51	17.3
23	Sweden	71	184.9
24	Switzerland	68	149.7
25	UK	89	79.4
26	USA	91	214.4

B

图 4.1 用来检验"一个国家的个人主义（X）对其创新绩效（Y）是必要的"这一假设的示例数据集

注：A 指用于说明"列联表法"的 7 个案例构成的小数据集。B 指用于说明"散点图法"的 25 个案例构成的更大的数据集。

4.3 列联表法数据分析

"列联表法"包括以下 6 个步骤:

- 步骤 1:制作列联表。
- 步骤 2:识别空白空间。
- 步骤 3:画上限线。
- 步骤 4:量化 NCA 参数。
- 步骤 5:评估 NCA 参数。
- 步骤 6:形成结论。

4.3.1 步骤 1:制作列联表

首先,需要制作一个列联表。这是一个矩阵格式的表格,表中的每个单元格代表案例中观察到的 X 值和 Y 值的一种组合。图 4.2 显示了示例数据集(图 4.1A)的列联表。该列联表有四个单元格,因为 X 和 Y 各有两个水平。X 和 Y 的两个水平被定性地编码为低和高。X 值是"水平的",Y 值是"垂直的",分别"向右"和"向上"递增。表中的单元格总数等于 X 的水平数和 Y 的水平数的乘积。当 X 和 Y 各有两个水平,即为二分变量时,列联表的单元格总数为 4 个;当 X 和 Y 各有三个水平时,列联表的单元格总数为 9 个。在每个单元格中,必须写上具有特定 X 值和 Y 值组合的案例的数量。图 2.1、图 2.2 和图 2.4(A、B、

D、E)是列联表的例子,但是没有说明每个单元格的案例数量。

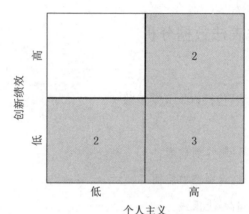

图 4.2 图 4.1A 中包含 7 个案例数据集对应的列联表

注:通过证伪的方式检验"国家的个人主义对国家的创新绩效是必要的"这一假设。这个假设没有被这 7 个案例证伪,因为正如预期的那样,左上角是空白空间。

创建列联表的原因是可以将观察到的数据模式与期望中的 X 对于 Y 是必要的数据模式进行比较("模式匹配")。期望的模式取决于如何定义必要条件假设。如果把假设定义为"X 的存在或高水平的 X 是 Y 的存在或高水平 Y 的必要条件",即本书的默认表达形式,那么你可以期望一个左上角单元格为空的列联表。

4.3.2 步骤 2:识别空白空间

在第二步中,需要目视检查列联表,以检查在期望的角落中是否存在空白空间。有三种可能的情况。第一种为期望的空白空间是空白的。那么,这个条件可能是必要的,因为没有任何案例表明缺少这个条件也能产生结果。紧接着必须进行步骤 3 的分析。第二种为预期的空白空间显然不是空的。大量的案例(例如超过 5%)出现在预期的空白空间。这时,该条件可能就不是必要的了,因为案例表明没有该条件也可能产生结果。因此,分析的结果是拒绝必要条件假设,并继续进行步骤 6。第三种为期望的空白空间几乎是空白的。它包含一些异常值。异常值是指被认为"远离"其他案例的案例,可以用三种方法对其进行评估。

第一,异常值可能是由误差引起的。这种误差可能是测量误差或抽样误差。当异常值有测量误差时,必须纠正这个误差,或者必须从数据集中将其删除。当异常值是由抽样误差引起时,它不属于该理论域或该总体,所以这种案例不属于该研究范围。例如,当假设是关于西方国家的,而案例是非西方国家的,那么该案例就不应该被用来检验这个假设,而应该被删除。如果空白空间中所有异常值都有误差,且都被删除,则必须继续执行步骤 3。你应该始终报告异常值的删除以及这样做的合理性。

评估"近似"空白空间的第二种方法是将异常值视为未知原因的例外。你可能就必要性采取了概率视角(参见 2.3.4 节中的"必要性的确定性视角和概率视角"),愿意接受空白空间中相对少量的异常值(例如,小于等于 5%)。然后,可以在接受一些案例作为异常值的前提下继续分析。此时,一个可能的必要条件被报告为一个概率性的必要条件,例如"几乎总是必要的"。

评估"近似"空白空间的第三种方法是考虑这个空间中哪怕只有一个案例存在,就可以作为拒绝假设的理由。现在采用必要性的确定性视角。即使"空白"空间中只存在一个案例,也表明在没有该条件的情况下,结果也是可能产生的,假设在这种情况下没有测量误差或抽样误差。因此,研究者将继续步骤 6 的分析。

专栏 4.1 展示了一个单个异常值出现在期望为空白空间中的例子。

专栏 4.1　GRE 示例中的异常值

GRE 的例子在第 2 章中已经讨论过了(参见图 2.3),在该示例中,342 名学生申请社会学研究生课程,每个学生的 GRE 成绩要至少达到 620 分才能入学。但是,在列联表的左上角观察到一个异常值。该异常值是一个 GRE 成绩较低但仍被录取的学生。这个异常值可能是测量误差的结果吗?这并非是因为测量误差:这个异常值学生确实被录取了,而且他的 GRE 成绩较低。这种情况可能是抽样误差的结果吗?应该不是,因为这个异常值学生是一个可以被该项目录取的正常学生,而且参加过 GRE 考试。当异常值产生原因未知时,采用必要性的确定性视角的研究者就会拒绝这一假设。然而,一个采取概率视角的研究者可能会接受这个假设,并将其表述为"高 GRE 分数几乎总是录取的必要条件"。

GRE 的例子显示了证伪假设的如下价值。一般来说,拒绝一个假设比接受一个假设能提供更多的信息。在必要性的概率视角中,假设是根据期望而被接受的。在确定性视角中,假设因为与期望对立而被拒绝。拒绝假设会引发人们寻找假设被拒绝的原因。为什么这个学生是一个异常值?结果表明(Vaisey,个人通讯,2014 年 7 月 2 日)这名异常值学生被录取是基于一名教师对该学生定量能力的明确证词,这被认为是优于定量 GRE 分数的信息。这些信息可以为假设建立一个更精确的理论域:该假设只适用于通过正式选拔规则进入项目的学生。

在个人主义与创新绩效的例子中,左上角的期望空白空间是空的(第一种情况)。因此,继续步骤 3 的分析。

4.3.3 步骤 3:画上限线

如果期望的空白空间确实是空的,或者接受在这个"空白"空间中存在一些异常值,则必须继续执行步骤 3。因为"空白"空间可能包含一些案例,所以这个空间被重命名为"上限区域"(ceiling zone)。上限区域与角落里原本应该是空的"空白"空间的大小相同。在这一步骤中,你可以按字面意思或想象一条线,将上限区域中的单元格与列联表的其他单元格分开。绘制上限线是为下一步计算 NCA 参数作准备。

在图 4.2 中,上限线为一条由水平部分和垂直部分组成的加粗折线。

4.3.4 步骤 4:量化 NCA 参数

步骤 4 主要是计算几个 NCA 参数。主要参数是必要性的"效应量",以及空白空间确实是空的精确度["上限精确度"(ceiling accuracy)]。为了计算这些参数,必须先计算其他参数。

1. 范围

范围是给定 X 和 Y 的最小值和最大值,可以预期 X 值和 Y 值的总空间。定义范围有两种选择:经验范围和理论范围。经验范围基于 X 和 Y 在数据集中观测到的最小值和最大值。理论范围以 X 和

Y 的理论最大值和最小值为基础,不一定是在数据集中观测到的值。例如,X 和 Y 的最小值和最大值可以基于它们的测量尺度的最小值和最大值,早期经验研究中观测到的最小值和最大值,或者理论上可能的最小值和最大值。通常情况下,就像我在本书中所做的那样,使用的是经验范围。在理论范围下的效应量(参见下文)通常大于经验范围下的效应量。因此,你可能不愿意使用理论范围,因为有高估效应量的风险。

使用经验范围还是理论范围的选择决定了 X 和 Y 变量用于分析的水平的数量。例如,一个变量可能有三个理论水平(低、中、高),但也可能只有两个被观测到的水平(例如低和中)。根据 X 和 Y 的水平数来计算范围。一般来说,当 X 具有理论或经验观察的 q 水平,Y 有 r 个理论或经验观察的水平时,列联表的大小为 $q \times r$ 个单元格,范围(S)可计算如下:

$$S = (q \times r) - q - r + 1 \qquad \text{(等式 1)}$$

其中 S 为范围,假设 q 和 r 均为等距尺度,q 为 X 的水平数,r 为 Y 的水平数。因此,可以通过计算列联表中的单元格总数减去列中的单元格数,再减去行中的单元格数,再加上 1 来计算范围。

在这个例子中,列联表的大小是 $q \times r = 2 \times 2 = 4$;X 的水平数 $q = 2$,Y 的水平数 $r = 2$。因此,范围为 $4 - 2 - 2 + 1 = 1$。

2. 上限区域

通过计算组成上限区域的"空白"单元格的数量,可以计算角落中期望为空的"空白"区域的大小。

在本例中,上限区域(C)的大小为 1。

3. 效应量

效应量(d)是上限区域相对于范围的大小,通过将上限区域除以范围来计算:

$$d = C/S \qquad\qquad (等式2)$$

其中d为效应量,C为上限区域,S为范围。效应量可以在0到1之间取值,0表示X对Y没有必要性影响,1表示X对Y的必要性影响最大。如果两个变量都是二分的,那么效应量只能是0或1。

如果两个变量都是三分的,则范围为4,并且上限区域可以是0、1、2、3或4个单元格,对应的效应量分别为0、0.25、0.5、0.75和1。例如,在图4.3A的三分案例中,一个单元格是空的,因此效应量为1/4＝0.25,而在图4.3B中,三个单元格是空的,因此效应量为3/4＝0.75。

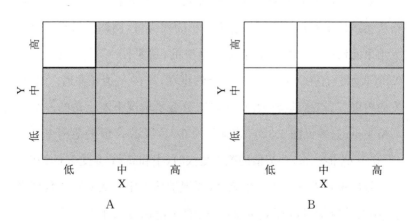

图4.3　三分必要条件的效应量

注:A中的效应量＝0.25。B中的效应量＝0.75。

在关于个人主义对国家创新必要性的例子中,效应量为$d=$

$1/1=1$。

4. 上限精确度

上限精确度为不在上限区域内的案例数除以总案例数再乘以 100%。如果在上限区域内没有案例,则上限精确度为 100%。如果 20 个案例中有 1 例在上限区域,则上限精确度为 $19/20 \times 100\% = 95\%$。

在本例中,上限精确度是 100%,因为上限区域是空的。

4.3.5 步骤 5:评估 NCA 参数

在此步骤中,对效应量和上限精确度进行评估和解释。

1. 效应量

效应量代表了 X 对 Y 的必要性效应的实质意义。实质意义是指从实践角度来看效应量的意义。小的效应量,例如当只有一个左上角单元格在三分变量的情况下是空的(参见图 4.3A),效应量是 0.25,表示只有在 X 值较低时 X 能约束 Y,只在 Y 值较高时 Y 受到 X 的约束。当效应量较大时,例如三分变量情况下左上角的三个单元格是空的(参见图 4.3B),效应量为 0.75,表示 X 值的范围更大时(低和中)X 能约束 Y,Y 值的范围更大时(中和高)Y 会受 X 的约束。

效应量是否具有实质性意义,要视情境而定。从实践的角度来看,小的效应量可以相对重要,大的效应量也可以相对不重要。例如,这取决于在 X 是必要的范围内实现 X 所需值的简单或复杂程度。实践相关性也可以取决于 X 或 Y 在各自必要性范围内的常见或罕见程度。例如,当图 4.3A 中低水平的 X 是罕见的,而且通常至少中水平的 X 是常见的,实现必要条件的所需水平可能相对容易。

在国家个人主义对创新绩效的必要性的例子中,必要性效应量为 1,为最大值。这是一个很大的必要条件,因为在 X 值和 Y 值的整个范围内 X 约束 Y(低和高)。低个人主义不可能有高的创新绩效,低水平的 X 可能也不罕见(7 个案例中有 2 例)。

2. 上限精确度

上限精确度可以通过与基准值(例如 95%)进行比较来评估。对于多大百分比的精确度才是可接受的,并没有严格的规定。95% 精确度的要求是武断的,当不超过 1/20 的案例出现在空白空间时就可以达到该要求。因此,在小于 20 个案例的小样本研究中,将不会接受异常值的存在。

在国家个人主义对创新绩效的必要性的例子中,上限精确度为最高值 100%。该例中没有异常值。在小样本研究中,异常值是不可接受的。

4.3.6 步骤 6:形成结论

根据前面步骤的分析,在步骤 6 中需要得出必要条件假设的结论。你可能会得出必要条件假设应该被拒绝这样的结论,因为案例出现在本应是空白的空间中。你可以基于必要性的确定性或概率视角来给出结论。你也可以得出这样的结论:原本被认为是空白的空间实际上(几乎)是空的,必要条件假设没有被拒绝,可能被认为在本研究中得到了支持。有两种方法来确定必要条件。第一种方式是"类别型"方式:"X 对于 Y 是必要的。"这个一般的表述是基于效应量

$d>0$ 的发现。这是关于必要条件的最少信息的表述。此外,还可以阐述"程度型"必要条件。在这种表述中,在列联表中选择具有 Y 的给定水平的行,并将这个 Y 所需的 X 的水平表述为:"某水平 X 对于某水平 Y 是必要的。"因此,必要条件的"程度型"表述比"类别型"表述给出了更多的细节。

在这个例子中,"类别型"必要条件表述为"个人主义对于创新绩效是必要的",而"程度型"必要条件表述为"高个人主义是高创新绩效的必要条件"。

我已经说明了用于 NCA 数据分析的列联表法相当简单。该分析基于对数据的目视检查,并通过一些简单的计算你可以量化效应量。当变量分数只有少量水平时,例如在小样本研究中,列联表法是有用的。当分数可以用数字表示时,也可以用散点图法和使用 NCA 软件中的 CE-FDH 上限线来完成所有分析,我将在下一节中进行讨论。当变量分数具有很多水平时,例如在大 N 研究中,散点图法尤其有用。

4.4 散点图法数据分析

散点图法与列联表法具有几乎相同的 6 个步骤,但步骤的具体操作可能不同:

● 步骤 1:绘制散点图。

- 步骤 2:识别空白空间。
- 步骤 3:画上限线。
- 步骤 4:量化 NCA 参数。
- 步骤 5:评估 NCA 参数。
- 步骤 6:形成结论。

与列联表法相比,这种方法需要更高级的数学和统计程序。因此,它使用 NCA 软件来执行分析。NCA 软件是一个免费的 R 包。R 是一种开源编程语言,通常用于数据分析。即使你不知道 R,我建议你开始熟悉它,因为它正在成为统计分析和数据可视化研究的主要工具之一。在不了解 R 和 NCA 的情况下,你可以在 30 分钟内完成第一次定量的 NCA 数据分析。在本节中,我将指导你完成这个过程。

在使用 NCA 软件之前,你必须做三件事:

(1) 在你的计算机上安装 R 和 RStudio。

(2) 在你的计算机上安装 NCA 的 R 包。

(3) 将数据集导入 R 中。

附录 2 给出了如何完成上述要求的说明以及更多细节和建议,你可以咨询 NCA 网站(www.erim.nl/nca)并在线浏览 Quick Start Guide(Dul,2018)。

图 4.4 显示了安装 R 以后如何使用 NCA 软件。第一行是在">"提示符后加载 NCA 包的指令,每次你启动一个新的 R 会话时都必须这样做。通常,你会在 RStudio 的"脚本"窗口中输入一条指令,然后点击"Run"按钮来执行该指令。运行指令后,R 在"控制台"窗口中提示符后显示该指令。在本书中,R 指令是用 Courier 字体打印的。第一条

```
> library("NCA") #loads the NCA package
> data(nca.example) #loads the nca.example dataset
> data<-nca.example #renames the nca.example dataset into 'data'
> data<-data[-c(14,22,26),]#deletes the 3 non-Western countries from dataset
> data #prints the data in the console window
            Individualism Risk taking Innovation performance
Australia        90          84                    50.9
Austria          55          65                    52.4
Belgium          75          41                    75.1
Canada           80          87                    81.4
Czech Rep        58          61                    14.5
Denmark          74         112                   116.3
Finland          63          76                   173.1
France           71          49                    77.6
Germany          67          70                   109.5
Greece           35          23                    12.0
Hungary          80          53                     5.4
Ireland          70         100                    62.3
Italy            76          60                    19.7
Mexico           30          53                     1.2
Netherlands      80          82                    68.7
New Zealand      79          86                    14.9
Norway           69          85                    75.1
Poland           60          42                     3.5
Portugal         27          31                    11.1
Slovak Rep       52          84                     3.5
Spain            51          49                    17.3
Sweden           71         106                   184.9
Switzerland      68          77                   149.7
UK               89         100                    79.4
USA              91          89                   214.4
```

图 4.4　R 中 NCA 软件的输出结果

注:前五行是加载 NCA 包的说明,包括加载和重命名数据集 nac.example,从数据集中删除非西方国家,并在 R 的"控制台"窗口中显示数据集。

指令是 library(NCA),它将加载 NCA 的 R 包(在你的计算机上安装 NCA 包后)。在此指令之后,控制台中会显示一些关于 NCA 的信息(图 4.4 中没有显示),你就可以使用 NCA 了。注意,在图 4.4 中,我还在指令后添加了一个符号♯,以添加一些解释性文本。R 忽略该符号之后的文本,这用于评论和注释脚本。图 4.4 中的第二条指令是 data(nca.example)。这将加载 NCA 包中名为 nca.example 的示例数据集。这与图 4.1 中的例子相同,只是其中包括一些非西方国家。附录 2 展示了如何加载自己的数据集。第三条指令是 data<-nca.example,它将数据集重命名为"data"。符号"<"和"-"的组合是 R 的"赋值操作符",用于连接两个对象,在本例中是"data"和该数据文件。在这条指令之后,你的数据就是一个名为"data"的"数据对象"。

第四条指令从数据集中删除三个非西方国家。第五个指令是 data 或者 print(data)。这只是在控制台窗口中显示数据。图 4.4 中的数据对应图 4.1B 中的数据。然而,图 4.4 还包括变量风险承担。风险承担的分数来源于 Hofstede(1980),通过反转不确定性规避分数得到。有了这第二个变量,就可以检验另一个必要条件假设:一个国家的冒险文化对一个国家的创新绩效是必要的。

NCA 本质上是一个双变量分析:一次只分析两个变量(一个 X 和一个 Y)。当更多的变量是潜在的必要条件时(就像 nca.example 里的个人主义和风险承担),这些条件需要分别进行分析。单个双变量分析是可能的,因为一个必要条件产生效应独立于其余的因果结构。因此,在一些潜在的必要条件下,NCA 使用多个双变量分析,而不是一个多变量分析。这是可能的,因为 X1 在 Y 上的必要性并不依赖于 X2 在 Y 上的必要性。我使用 NCA 软件和 nca.example 说明散点图法。

4.4.1 步骤 1:绘制散点图

X 和 Y 的散点图是一种 X 轴为"水平轴",Y 轴为"垂直轴",数值分别"向右"和"向上"增加的图形。每个案例都有 X 值和 Y 值的特定组合,并在散点图中显示为一个点。图 2.4I 和图 2.5 是散点图的例子,但在深色区域没有案例的说明。

制作散点图的原因是,你可以将散点图中观测数据的模式与期望的 X 对于 Y 是必要的模式进行比较。期望的模式取决于你如何定义必要条件假设。如果你把你的假设定义为"高水平的 X 对于高水平的 Y 是必要的",你可能会看到如图 2.5A 所示的散点图,其左上角有一个空白空间。

图 4.5 显示了 NCA 软件生成的示例散点图。你可以使用主指令 nca_analysis 来制作散点图，并进行 NCA 计算。指令 nca_output 可以用于生成输出结果。在 nca_analysis(data, x, y)指令中，data 是数据集，x 是假设的必要条件对应的变量名或列号，y 是结果对应的名称或列号。因此，对于示例数据 nca.example，计算的指

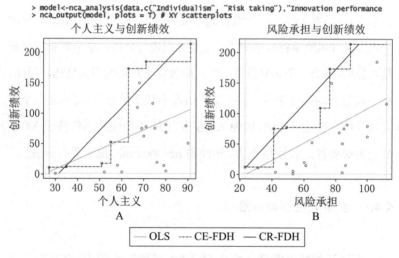

图 4.5　R 中 NCA 软件的输出结果

注：第一行代码是开展 NCA 的核心指令＊，第二行是生成散点图的指令。

A 指用来检验"一个国家的个人主义对于一个国家的创新绩效是必要的"这一假设的散点图。B 指用于检验"一个国家的风险承担是该国创新绩效所必要的"这一假设的散点图。左上角的期望空白空间是空的。该阶跃函数（step function）为上限包络—自由处置式（CE-FDH, Ceiling Envelopment-Free Disposal Hull）的上限线。直线上限线是上限回归—自由处置式（CR-FDH, Ceiling Regression-Free Disposal Hull）的上限线。穿过数据中间的这条线是供参考的普通最小二乘法（OLS）回归线。图两侧的水平和垂直虚线标记经验范围，也就是 X 和 Y 的最小和最大观测值。

＊ 图中第一行代码 performance 后少了一个引号和右括号，应该是 performance"）。——译者注

令为：model <-nca _ analysis（data，c（"Individualism"，"Risk
taking"），"Innovation performance"），或者 model<-nca_analysis
（data，c(1, 2)，3），这两个条件是分开分析的，但却同时进行（运算
符"c"将列号合并）。你可以为该分析命名，比如"model"。为了获得
该分析的输出结果，可以使用指令 nca_output。在指令 nca_output
（model，plots = T）（T 表示 TRUE）下，在 RStudio 的"绘图"（plot）窗
口中会显示如图 4.5 所示的两个散点图。

4.4.2 步骤 2:识别空白空间

在第二步中，你需要通过目视检查散点图来确定是否在角落中存
在一个期望的空白空间，而根据必要条件假设，该空白空间应该存在。
假设一个高水平的 X 对于一个高水平的 Y 是必要的，期望的空白空间
在左上角。与列联表法一样，这种目视检查可能会遇到三种情况。第
一种是期望的空白空间是空白的。该条件可能是必要的，因为如果没
有高水平的条件，就不可能有高水平的结果。你可以继续执行步骤 3。
第二种是期望的空白空间显然不是空的。在你期望是空白的区域出现
了很多案例，因此这个条件并不是必要的，因为没有这个条件也有可能
产生结果。你可以继续执行步骤 6。第三种是空白空间几乎是空的。
例如，一个案例可能出现在最左上角（X 等于最小值以及 Y 等于最大
值），这样就没有空白空间，或者一个案例存在于其他的空白空间中，
并且远离其他案例。类似地，如列联表法（4.3 节"列联表法数据分
析"中的步骤 2），你可以用三种方法来评估异常值。第一，异常值可
能是由于测量误差或抽样误差产生的，并可以从分析中删除。第二，

你可以对必要性采用概率视角(第 2 章"NCA 的哲学假设和逻辑"中2.3 节"必要性的确定性视角和概率视角")。这里,你需要将异常值视为出于未知原因的例外或异常,并接受在"空白"空间中存在相对较少的异常值。然后,你可以忽略异常值,继续步骤 3 中的分析。第三,如果你对必然性持确定论的观点(第 2 章"NCA 的哲学假设和逻辑"中 2.3 节"必要性的确定性视角和概率视角"),你必须考虑在"空白"空间中哪怕出现一个案例,也可以作为拒绝假设的理由。然后继续步骤 6 的分析。空白的或"几乎空白的"空间称为上限区域。

4.4.3 步骤 3:画上限线

NCA 的散点图法的下一步是绘制上限线。上限线是将没有案例的空间与剩余空间分开的一条线。一条好的上限线应该是最小数量的案例在它上面和最大数量的案例在它下面。此外,一条好的上限线应该遵循边界的形状,因此应该使用边界周围的案例,而不是远远低于它的案例。图 4.5 显示了三条线。显然,通过案例中间的OLS 回归线(即平均效应线)不适合作为上限线。OLS 线以上有太多的观察案例,以下的案例则太少,因此高估了空白空间的大小。这似乎显而易见,但这是反对使用 OLS 回归或结构方程模型等平均效应分析来检验必要条件的主要论据。仅供参考,在 NCA 图中,从案例中间穿过的 OLS 线表示给定 X 值的平均 Y 值。相反,案例顶部的上限线表示给定 X 值下的最大 Y 值。

NCA 提供两种默认的上限线,分别为上限包络—自由处置式(CE-FDH)和上限回归—自由处置式(CR-FDH)。CE-FDH 是基于运营研究中使用的自由处置式(FDH)边界线(Tulkens,1993)。它是一条非递减的阶梯式线性线("阶跃函数"),当 X 或 Y 是离散的或当边界附近的点的形态不规则时,它可以被用作上限线。CE-FDH 上限线不允许有点高于该线,并以非递减(分段)的直线上限线产生最大的实际空白空间。该线绘制如下(参见图 4.5 中的阶跃函数)。从散点图的原点(X=Xmin 和 Y=Ymin)开始,垂直向上移动到 X=Xmin 时,Y 值最高的案例。水平向右移动,直到到达在这条水平线上或垂直高于这条水平线的案例。垂直向上移动,直到 Y 值最高的案例。重复最后两个步骤,直到水平线达到 X=Xmax。CE-FDH 线左上角的点称为"节点"(peers)。

CR-FDH 是一条穿过 CE-FDH 线节点的直线趋势线。这条线是穿过 CE-FDH 的趋势线,使用简单的线性回归,通过最小化直线与节点垂直距离的平方。当 X 和 Y 是连续或离散的多水平变量,且边界附近的点的形态近似为线性时,可以使用 CR-FDH 上限线。选择这条线的另一个原因是,假设总体中的"真正的"上限线是一条直线。由于 CR-FDH 是穿过 CE-FDH 节点的一条趋势线,所以 CR-FDH 线上方也有一些点。图 4.5A 中 CR-FDH 线上方有 5 个点,图 4.5B 中 CR-FDH 线上方有 4 个点。

其他上限线也可以用 NCA 软件选择。例如,当上限线应该反映随着 X 的增加,Y 的最大值以递减的方式增加,可以使用上限包络—变化的规模报酬(Ceiling Envelopment-Varying Return to Scale, CE-VRS)上限技术。CE-VRS 线是凹的分段线性上限线。对应的指令是 nca_analysis(data, c(1, 2), 3, ceilings="ce_vrs")。将来可能会引入其他的线(例如具有改进统计性质的多项式函数)。目

前,CE-FDH 和 CR-FDH 上限线适用于 NCA 的大部分用途。研究
人员可以使用两条默认上限线中的一个,或者使用两条默认上限线
进行分析,比如通过比较结果来检验稳健性。

4.4.4　步骤 4:量化 NCA 参数

在这个步骤中计算 NCA 参数。主要参数是必要性效应量。为
了计算这个参数,必须先计算范围和上限区域。指令 nca_analysis
和 nca_output 可用于进行计算并生成输出结果。图 4.6 中选择了默
认的上限线 CE-FDH 和 CR-FDH,并计算了它们的 NCA 参数。我
只展示条件个人主义的结果。

```
> model<-nca_analysis(data,1,3, ceilings = c("ce_fdh", "cr_fdh"))
> nca_output(model)
-------------------------------------------------------------------
NCA Parameters : Individualism - Innovation performance
-------------------------------------------------------------------

Number of observations    25
Scope                  13644.8
Xmin                      27.0
Xmax                      91.0
Ymin                       1.2
Ymax                     214.4

                      ce_fdh    cr_fdh
Ceiling zone        7869.600  6928.774
Effect size            0.577     0.508
# above                    0         5
c-accuracy              100%       80%
Fit                     100%     88.0%

Slope                              3.805
Intercept                       -118.621
Abs. ineff.          633.600   743.780
Rel. ineff.            4.644     5.451
Condition ineff.       0.000     5.451
Outcome ineff.         4.644     0.000
```

图 4.6　R 中 NCA 软件的输出结果

注:第一行是开展 NCA 分析的核心指令,分析使用两条默认的上限线,没有 OLS
回归线。第二行指令表示在 R 的"控制台"窗口输出 NCA 参数的概要。图中只显示了
个人主义的输出结果。

1. 范围

输出结果的前六行显示的是数据的基本信息:观测(案例)的数量、范围(X 和 Y 的最小值和最大值之间的区域),X 和 Y 的最小值和最大值。默认的范围指经验范围。可能存在如下理论上的论断:真的最小值小于观测值,真的最大值大于观测值。如果需要,可以通过指定 X 和 Y 的最小值和最大值来确定一个理论范围,例如:model<-nca_analysis (data, 1, 3, ceilings = c("ce_fdh", "cr_fdh"), scope = c(0, 120, 0, 240))。有关理论范围与经验范围的讨论,请参阅 4.3 节"列联表法数据分析"中步骤 4"量化 NCA 参数"下的"范围"部分。

2. 上限区域

在中间的一组参数中,首先显示的是上限区域。上限区域是指范围内上限线以上的区域。通常情况下,CR-FDH 比 CE-FDH 产生的上限区域更小。

3. 效应量

效应量由上限区域(C)除以范围(S)得到,取值在 0 到 1 之间。对于本例中的 CE-FDH 上限线,其效应量为 7 869.6/13 644.8＝0.577。

4. 上限精确度和拟合度

中间一组参数也显示了高于上限线的观测(案例)数量和上限精确度,即位于上限线或低于上限线的案例占总案例的百分比。本例中(根据定义)CE-FDH 的上限精确度为 100%,CR-FDH 的上限精确度为 80%。拟合度的分数等于被选择的上限线效应量除以 CE-FDH 上限线的效应量。根据定义,CE-FDH 的拟合度是 100%。对于 CR-FDH,示例中的拟合度为 88%。

5. 上限斜率和截距

在最后一组参数中,如果上限线是一条直线,则给出相应的斜率和截距,CR-FDH 上限线就是如此。接下来的四个参数是关于"必要性无效率"的,提供了一组我在专栏 4.2 中讨论的更高级的参数。

专栏 4.2　什么是必要性无效率?

　　必要性无效率是一个更高级的 NCA 参数。效应量表明条件 X 多大程度上约束结果 Y。当满空间(full space,即有案例存在的空间)和空白空间都是三角形,上限线对应于散点图的对角线,任何 X 值都约束 Y,任何 Y 值都受到 X 约束。然而,在大多数情况下,只有一部分 X 值能约束 Y,只有一部分 Y 值受到 X 的约束。这发生在(例如)当空白空间是三角形的,而满空间是五边形的时候,如图 2.5A 所示。当上限线与 Y=Ymax 水平线相交时,从该交点的 X 值到 X 的最大值都不能约束 Y。为了达到 Ymax,必须达到这个交点对应的 X 值。但对于 Y 来说,更高的 X 值并不是必要的,因此在实际操作中,将 X 增加到交点以上是无效率的。这种无效率的 X 值范围乘以相应的 Y 的最大范围,表示为范围的一个百分比,称为"条件无效率",即范围内 X 不约束 Y 的面积。同样,当上限线与垂直轴 X=0 相交,在 0 到交点的 Y 值之间,Y 是不受 X 的约束的。因此在实践中,在 Y 的这个范围内,X 的增加是无效率的。这一 Y 的无效率范围乘以 X 的最大范围,用范围的百分比表示,称为"结果无效率",即范围内 Y 不受 X 约束的面积。总的无约束区域称为绝对无效率(absolute inefficiency),此区域占范围的百分比称为相对无效率(relative inefficiency)。

4.4.5 步骤 5:评估 NCA 参数

在这一步骤中,效应量通过两种方式评估。首先考虑效应量(d)的实质意义,然后考虑效应量的统计显著性(p)。接着评估上限精确度以及所谓的"有影响的案例",包括异常值。

1. 评估效应量的实质意义

效应量是 X 对 Y 的约束大小的定量表达式。效应量在 0 到 1 之间,代表 X 对 Y 必要性效应的实质意义。效应量越高,则 X 对 Y 的约束越大,且 Y 受 X 的约束就越大。效应量的实质重要性取决于情境。一个效应量在一种情境下可能很重要,但在另一种情境下就不重要了。因此,研究人员必须给出实质重要性的理由,以解释为什么效应量在给定情境下是重要的。一个小的效应量表明只有小范围的 X 约束 Y,和/或只有一个小范围的 Y 受到 X 的约束。但在这个范围内,X 对于 Y 仍然是必要的。一个小的效应量可能被认为重要或不重要,这取决于情境。例如,如果一家公司想要成为竞争对手中表现最好的(Y 是绩效),一个小的必要性效应量(即 X 只对 Y 的最高水平是必要的)将被认为是重要的。另一方面,当一家公司只希望成为一个表现一般的优秀企业,而不是一个特别优秀的企业时,小的效应量可能并不重要,因为 X 没有约束期望的绩效水平。因此,效应量是否重要取决于情境。有关效应量大小、上限线的倾斜度、"条件无效率"和"结果无效率"(参见专栏 4.2)的信息可以和研究者的背景知识相结合,来判断效应量的重要性。例如,当 Y 是一个期望的结果,并且有效率的结果范围很大,如果最高的结果不是期望的结果,那么效应量可能并不重要。但是,如果想要达到最高的结果,那么该效应量可能非常重要,而且必须有适当的条件水平来允许产生这种结果。当效应量的实质评估是不可能的,你可能想要使用一般基准来对效应量进行分类:$0 < d < 0.1$ 被认为是"小效应",$0.1 \leqslant d < 0.3$ 为"中等效应",$0.3 \leqslant d < 0.5$ 为"大效应",$d \geqslant 0.5$ 为"非常大的效应"。该指导方针是基于我对数百个离散和连续变量的散点图进行评估的经验,这些散点图基于理论或实践论证而存在有意义的空白空间。约一半的观测效应量(根据经验范围计算)在 0.1 以下,约 40% 在 0.1—0.3 之间,约 10% 在 0.3—0.5 之间。使用 CE-FDH 上限线可以达到的 0.5 以上的效应量是很少见的。一些研究人员使用效应量 $d = 0.1$ 这一阈值作为接受或拒绝必要条件假设的标准(如 Karwowski et al.,2016;Van der Valk et al.,2016;Luther et al.,2017;Knol et al.,2018)。

在国家个人主义和创新绩效的示例中,CE-FDH 效应量为 0.577。根据一般的基准,这个效应量可以认为是"非常大"的。

2. 评估效应量的统计显著性

仅根据实质重要性来评估效应量可能是有风险的。散点图中的空白空间有可能是两个不相关变量随机偶然产生的结果,而不是 X 和 Y 两者之间必要性关系的结果。这可以用两个不相关的正态分布随机变量的模拟散点图来说明(如图 4.7A 所示)。图 4.7A 中所有角落都有空白空间,包括左上角。CE-FDH 和 CR-FDH 上限线的效应量均为 0.09,因此不为零。图 4.7B 中两个不相关的随机变量呈偏态分布。X 变量是左偏的,低的 X 值相对较少,而 Y 变量是右偏的,高的 Y 值相对较少。这些随机变量的分布在散点图的左上角产生了一个没有必要性意义的空白空间。CE-FDH 和 CR-FDH 上限线的效应量分别为 0.13 和 0.15。请注意,在这两种情况下,X 对 Y 的平均影响均为零,OLS 回归线正确地表示了这一点。但是,必要性效应不为零,研究者可能会错误地得出"X 可能是 Y 的必要条件"这一结论。如果不进行统计检验,研究者可能会得出关于必要性关系的无效结论。

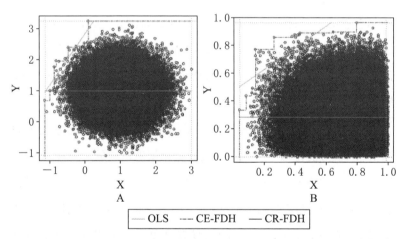

图 4.7　两个不相关的随机变量 X 和 Y 的 100 000 个观测值的散点图

注:A 指 X 和 Y 各为正态分布(均值＝1,标准差＝0.5)。B 指 X 和 Y 各为偏态分布(X:第一个形状参数＝5,第二个形状参数＝2;Y:第一个形状参数＝2,第二个形状参数＝5)。两个图左上角的空白空间都是偶然出现的,不能解释为必要性。

NCA 的统计检验(参见专栏 4.3)像大多数显著性检验一样,首先假设 X 和 Y 是不相关的,并且样本中的数据是从总体中随机产生的结果,因此:"零假设"("原假设",null hypothesis)为真。NCA 使用观察到的样本来生成 X 和 Y 不相关的替代样本,从而适用于零假设。这是通过重组 X 和 Y 来完成的。这是重复多次以获得许多称为"置换"(permutation)的样本(如 10 000 次),其中可能的观测效应量是随机偶然产生的,因为零假设为真。对每个随机样本的效应量进行计算,从而在零假设成立时得到随机效应量的分布。现在将观测样本的效应量与随机效应量进行比较。p 值是观测样本的效应量等于或大于 X 和 Y 不相关的样本的效应量的概率。如果这个概率很小(例如 $p<0.05$),那么得出的结论是,"观测效应量是不相关变量的一个随机过程的结果"是不可信的:零假设被拒绝。这表明另一种假设,包括必要条件假设可能是真的。注意,任何零假设检验的一个内在特征是检验随机的零假设,而不是备择假设。接受空白空间表示必要条件关系,需要满足三个必要而非充分的条件:理论支持、较大的效应量(如 $d>0.1$)、较小的 p 值($p<0.05$)。

对图 4.7 的随机数据进行 NCA 的统计检验,可以看出左上角的空白空间很可能是由于不相关变量的随机偶然造成的。对于 X 和 Y 为正态分布的情形(参见图 4.7A),p 值为 0.383;对于 X 和 Y 为偏态分布的情形(参见图 4.7B),p 值为 0.370。因此,在这两种情况下,观察到的效应并不罕见($p>0.05$)。没有迹象表明零假设不能解释数据,因此检验正确地表明零假设不应该被拒绝。NCA 的统计检验有助于防止你得出一个错误的肯定性结论,即得出 X 对于 Y 是必要的结论,而实际上 X 和 Y 是不相关的。

p 值在统计推断中饱受争议、误解和误用。NCA 使用 p 值来检查观察到的空白空间是不相关变量随机结果的概率(参见专栏 4.3)。

专栏 4.3 p 值是什么以及如何在 NCA 中使用 p 值?

根据 Fisher(1925),统计显著性是指在零假设为真的假定下,总结样本数据的检验统计量(如效应量)的值等于或大于该检验统计量的观测值的理论概率(p 值)。如果零假设为真(即 X 与 Y 没有关系,因此 X 与 Y 之间也没有必要性关系),任何观测到的样本效应都是由随机偶然产生的,重复抽取的样本会导致一个随机效应量的分布。如果观测样本的效应量比较大,那么在随机效应分布的右尾附近,相应的 p 值比较小:随机效应很少会产生比这更大的值。*Fisher 将观察到的 p 值解释为要么是发生概率为 p(或更低)的罕见结果,要么是零假设无法解释数据的指标。

p 值的概念不是很直观。因此,出现许多误解也就不足为奇了。例如,高的 p 值不是零假设为真的概率,低的 p 值也不是备择假设为真的概率。低的 p 值只为感兴趣的假设提供间接的证据,并可能有助于避免第一类错误:拒绝一个为真的零假设的错误。

在 NCA 中,我们回到 p 值的根源:检测观测数据是由一些不相关的变量偶然得来的可能性,从而检验数据是否符合零假设:所观察到的左上角空白空间是由于不相关变量的随机偶然产生。由于两个不相关的变量可能会在左上角产生一个没有必要性意义的空白空间,因此对 NCA 进行统计显著性检验尤为重要。如果检验

---

* 随机因素产生的效应量大于观测样本的效应量的概率很低,即随机因素产生观察样本统计量值的概率很低,那么我们也就不能将这一观察样本的统计量值归为是由随机因素产生的(零假设成立情况下的随机产生),因此应该考虑接受备择假设。——译者注

表明随机性是不可能的(例如 $p < 0.05$),研究者可能会得出结论说随机性仍然是可能的,尽管很少见,因为 p 不为零;或者转而接受存在关于数据是如何产生的替代性解释。下面这个替代性解释可能是研究者感兴趣的假设:观察到的左上角的空白空间可能是由 X 和 Y 之间的必要性关系引起的。NCA 使用 p 值作为一个随机性检验,以保护研究者不受第一类错误的影响,并得出当它实际上是一个随机发生的事件时,空白空间代表着必要性这样的结论。

NCA 的显著性检验是一种零假设检验,它包含以下部分(Dul et al.,即将出版):

(1) 计算样本的必要性效应量。

(2) 建立表明总体中 X 和 Y 不相关的零假设。任何效应量都是随机效应。

(3) 使用近似置换创建大量的随机重采样(如 10 000 次)。在置换检验中,样本中观察到的 X 和 Y 值将被打乱,以创建包含 X 和 Y 不相关"案例"的新的重采样样本(相同的样本大小)。

(4) 计算所有重采样样本的效应量。在假设 X 和 Y 不相关的情况下,效应量的集合构成了效应量的估计分布。

(5) 比较观测样本的效应量[参见部分(1)]与随机重采样样本的效应量分布。效应量等于或大于观察到的效应量(p 值)的随机重采样的比例,告诉我们关于数据与零假设的统计(不)相容性的信息。

（续表）

> 一个应用 NCA 的研究人员可能希望使用 p 值来作出支持"X对于 Y 是必要的"假设的结论。然而,低的 p 值本身并不能使必要条件合理。还必须有理论支持,特别是观察性研究,效应量必须有意义。即使这样,结果也可能是偶然的。只有在复制性研究显示出类似的结果后,研究人员才能确信必要条件是"真的"。这种关于"真"理论主张的谨慎推理适用于任何使用 p 值作为决策标准之一的数据分析方法。可以用 NCA 软件进行关于 NCA 的统计检验。

NCA 对示例的统计检验如图 4.8 所示。

在 nca_analysis 中,参数 test.rep = 10 000 表示从所有置换中选择 10 000 个重采样样本,这是推荐的估计 p 值的重采样样本的次数。使用指令 model 或 print(model)显示效应量和相应的 p 值的概要。在指令 nca_output 中,test = T(T=为真)意味着输出结果显示了重采样样本的效应量分布和观测样本的值的图。本书仅显示了个人主义的 CR-FDH 效应量的输出结果。在这张图的顶部给出了估计的效应量和 p 估计值(95%的置信区间)。当使用更大的重采样(例如 100 000)时,p 估计值的置信区间将变小。结果表明,个人主义和风险承担的 p 值远低于 0.05。因此,观测到的效应量是由于不相关变量随机偶然产生的概率相对较小,这使得个人主义和风险承担对创新绩效是必要的假设更加可信。

```
> model<-nca_analysis(data,1:2,3,test.rep = 10000) # 10000 permutations
Done test for Individualism
Done test for Risk taking
> model # print main results
-----------------------------------------------------------------
Effect size(s):
              ce_fdh p       cr_fdh p
Individualism 0.577  0.003   0.508  0.003
Risk taking   0.464  0.008   0.384  0.014
-----------------------------------------------------------------

> nca_output(model, test = T) #print effect size distribution
```

X＝个人主义 Y＝创新绩效 CR-FDH
观测值(d＝0.508, p＝0.002[0.001, 0.003], 观测量＝10 000)

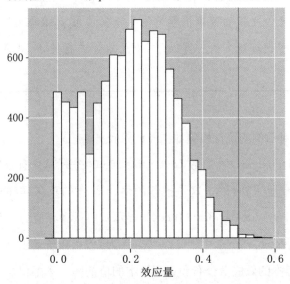

图 4.8　R 中用 NCA 软件进行统计测试的输出结果

注:第一行是进行检验的核心指令。该输出结果是一幅横轴为效应量、纵轴为置换数(伴有随机效应量)的图。可以将观测效应量(垂直线)与随机效应量的分布进行比较。观测效应量大于多数随机效应量,表明不支持零假设。

3. 评估精确度和有影响力的案例

上限精确度　　相对较低的 CR-FDH 上限精确度和拟合度是由于上限线附近的观测值呈现出不规则模式。因此,在这个例子中,CE-FDH 可能是比 CR-FDH 更好的上限线选择。CE-FDH 上限线的上限精确度根据定义为 100%。

有影响力的案例 有影响力的案例是删除后对效应量有较大影响的案例。用于绘制上限线的案例是有影响的案例,而低于上限线的案例是无影响的案例。构成上限线的案例被称为"节点"。上限线的节点可以通过指令 nca(data, c(1, 2), 3) $peers or model $peers 找到。该指令返回案例标识符(案例名称或案例编号)和节点的 XY 坐标。此外,X 和 Y 的最小值或最大值也可能是有影响的案例,因为它们决定了范围和效应量。识别有影响的案例可以出于两个原因。有影响力的案例可以检查测量误差(分数是否正确?)或抽样误差(案例是否属于预期的理论域或总体?)。这些案例的测量误差或抽样误差会对结果产生很大的影响。此外,有影响力的案例和上限线周围的其他案例的 X 值相对小,Y 值相对较高。如果 X 是一个使能因素,而 Y 是一个期望的结果,这些案例可以被认为是在 X 水平相对较低的情况下,Y 能够达到相对较高水平的"最佳案例"。因此,接近上限线的案例可能是低于上限线案例的基准。例如,在上限线附近的国家比低于上限线的国家在特定个人主义水平上能够实现更高水平的创新绩效。这些基准国家比其他具有相似个人主义水平的国家表现得更好,这是由于必要条件之外的其他因素。同样,为获得一定程度的创新绩效,接近上限线的基准国家比低于上限线的国家的个人主义程度要低。

4.4.6 步骤 6:形成结论

在步骤 2 中,你可以通过目视检查散点图的左上角显然不是空白空间,并且这不是由于测量或抽样误差的异常值造成的。因此,你会得出拒绝必要条件假设的结论。但是,如果你认为左上角(几乎)是空的,那么通过考虑步骤 4 和步骤 5 中计算和评估的效应量,检查是否满足必要条件的以下三个必要条件:

(1) 假设所表达的必要条件有理论支持。

(2) 效应量(d)大于选定的阈值(如 0.1):实质性意义。

(3) 效应量的 p 值小于选定的阈值(如 0.05):效应量不是由不相关变量随机产生的:统计显著性。

如果不满足其中一个条件,就不能得出 X 是 Y 的必要条件并拒绝该假设。例如,如果在步骤 5 中你观察到空白空间太小,并且低于你设置的效应量阈值,那么你将拒绝该假设。效应量相对于阈值足够大,但 p 值太大的情况也是有可能的。那么,观测效应量可能是不相关变量的随机偶然的结果,而不是必要性的结果。同样,你会得出必要条件假设被拒绝的结论。

当这三个标准都适用时,你可以决定你的必要条件假设得到支持,尽管你永远不能确定。然后你就可以对"类别型"必要条件进行表述,即"X 是 Y 的必要条件"。此外,还可以用瓶颈表(bottleneck table)来表示"程度型"必要条件。瓶颈表是上限线的表格表示。表述方式为"水平 X 对于水平 Y 是必要的"。因此,必要条件的"程度型"表述形式比"类别型"表述形式给出了更多的细节。当上限线为直线(CR-FDH)时,其细节可以用斜率和截距表示。斜率和截距可以通过指令 nca_output(model)得到。

在个人主义与创新绩效的例子中,效应量远高于阈值 0.1, p 值远低于阈值 0.05。因此,必要条件假设没有被拒绝,可以认为是被支持的。"类别型"必要条件表述为"个人主义对于创新是必要的"和"风险承担对于创新是必要的"。"程度型"必要条件表述为"X_{ci} 水平的个人主义对 Y_c 水平的创新是必要的"和"X_{cr} 水平的风险承担对 Y_c 水平的创新是必要的"。图 4.9 显示了这两个必要条件的 CE-FDH 线的瓶颈表。

```
> model<-nca_analysis(data,c(1,2),3, ceilings = "ce_fdh")
> nca_output(model, summaries=F, bottlenecks = T) #print bottleneck table
-----------------------------------------------------------------------
Bottleneck CE-FDH (cutoff = 0)
Y Innovation performance (percentage.range)
1 Individualism          (percentage.range)
2 Risk taking            (percentage.range)
-----------------------------------------------------------------------
Y       1      2
0       NN     NN
10      43.8   20.2
20      43.8   20.2
30      56.2   20.2
40      56.2   52.8
50      56.2   52.8
60      56.2   59.6
70      56.2   59.6
80      56.2   59.6
90      100.0  74.2
100     100.0  74.2
```

图 4.9　R 中 NCA 软件的瓶颈表分析的输出结果

注:第一行是执行 NCA 中 CE-FDH 上限线的核心指令。第二行显示了这条线的瓶颈表。X 和 Y 的值以值域的百分比表示,0 对应最小观测值,100 对应最大观测值。NN 指"不必要的"。

第一列是结果 Y(创新绩效),通常表示为 Y 值域的百分比,因此 0 表示 Y 的最小值,100 表示 Y 的最大值。下一列是条件(1 代表个人主义;2 代表风险承担)。这些变量也表示为其值域的百分比。瓶颈表可以这样解读:对于结果的一个给定 Y 值,该表显示了条件的必要水平(最低要求水平)。例如,当 Y 的结果水平低于 10% 时,这两个条件都不是实现该结果的必要条件(NN 表示"不必要的")。
然而,当理想的 Y 值在 10%—20%之间时,个人主义的值必须是
43.8%,风险承担的值必须是 20.2%。创新绩效水平在 40%—80%
之间时,两个条件都必须在 50%—60%之间。创新绩效水平在 80%
以上,就需要 100%的个人主义和 74.2%的风险承担。为了帮助解
释,通过使用参数 bottleneck.x 和 bottleneck.y,X 和 Y 的值也可
以表示为它们的实际值或百分位数,分别设定为"actual"或"per-
centile"。

我已经展示了 NCA 数据分析的散点图方法相对简单,可以用
NCA 软件快速完成分析。散点图法可被用于任何数值分数的 NCA
数据分析。

4.5　小结

本章展示了用经验数据检验必要条件假设的 NCA 数据分析方
法。该分析是一个(或多个)双变量分析,因此一次只分析一个条件,
并且该分析可以对所有条件重复。在步骤 1 中,你将显示 XY 列联
表或 XY 散点图中案例所对应的观测 X 值和 Y 值的组合。列联表法
允许通过目视检查进行定性数据分析,例如在一个小样本研究中。
散点图法允许使用 NCA 软件进行定量数据分析,比如在一个大样本
研究中。在步骤 2 中,在给定假设的情况下,你将确定在列联表或散
点图期望为空白的角落中是否有一个确实没有案例的空白空间。在

步骤 3 中,你画出一条上限线,将空白单元格与列联表或散点图的其他单元格分隔开。在步骤 4 中,你将确定 NCA 参数的效应量。在列联表法中,你可以通过计算列联表的单元格数来实现这一点,而在散点图法中,你可以使用 R 中的 NCA 软件包。在步骤 5 中,你根据其实质意义和统计显著性来评估必要性效应量。最后,在步骤 6 中,你得出关于假设的结论。如果假设得到支持,你就可以给出"类别型"必要条件或"程度型"必要条件。

5

NCA 实例

5.1 本章概览

在本章中，我将介绍 6 个应用 NCA 的研究实例。第一个例子是一个硕士论文项目，它说明了 NCA 如何通过目视检查的定性数据分析应用列联表方法。第二个例子是对一篇已发表文章中的现有数据进行重新分析，说明如何使用 NCA 软件进行定量数据分析，将散点图方法应用于 NCA。根据第 1 章中提到的开展 NCA 的阶段，我给出了这两个例子（参见图 1.1）：我讨论了必要性条件假设是如何形成的（第一阶段）；数据是如何收集的（第二阶段）；以及数据是如何分析的（第三阶段）。我不会讨论关于报告结果的第四阶段。在附录 3 中，我介绍了撰写 NCA 研究的一般指南。

下一组实例是四篇来自不同的商业和管理领域已发表的文章。这四个领域为：运营管理、创业、战略和创新。在这些文章中，NCA 被用作主要的逻辑和数据分析方法。我将使用图 5.1 中的清单来讨论这四篇已发表的文章。这个清单可以用于评估使用 NCA 的已发表文章,也可以用于撰写自己运用 NCA 的论文。

		NCA 主题	
引言	1	用必要性逻辑表述预期贡献	
	2	理论必要性陈述的表述:假设	
方法	3	数据	研究策略说明
	4		案例选择/抽样说明
	5		所有变量的测量说明
	6	数据分析	所选上限线的说明
	7		效应量阈值的说明
	8		统计显著性阈值的说明
结果	9	列联表或散点图的表示	
	10	NCA 参数的报告(效应量、上限精确度)	
	11	效应量的实质性评估(d)	
	12	效应量的统计评估(p 值)	
	13	假设检验的结果	
	14	瓶颈表的展示	

图 5.1 使用 NCA 方法的已发表文章的清单

清单由引言、方法和结果三部分组成。引言部分包括文章在必要性逻辑和所提出的必要条件假设方面的研究问题和贡献。贡献可以是理论的、实践的或方法论层面的,也可以是综合的贡献。关于贡献和假设的信息通常可以在文章的"引言""理论"和"讨论"的部分找到。

清单的方法部分是关于该篇文章收集和分析数据的方法。收集数据的方法包括研究策略、案例的选择或抽样以及变量的测量。由此得到的数据集是使用 NCA 进行数据分析的起点。数据分析方法包括绘制上限线、计算效应量和执行 NCA 的统计检验。关于方法的信息通常可以在文章的"方法"和"结果"部分找到。

清单的结果部分是该篇文章的 NCA 结果报告,包括 XY 列联表或散点图的呈现、如效应量和上限精确度等 NCA 参数的报告、对效应量的实质性意义和统计评估以及关于假设检验的结论。给出的瓶颈表可以用程度来表示必要条件。关于结果的信息通常在文中的"结果"部分找到。

5.2 列联表法在 NCA 中的应用示例

这个例子是关于那些想要通过为员工实施体育活动计划来应对久坐挑战的组织。在这些方案实施后,要成功地维持这些方案需要什么必要条件? 这个由二分变量评分的小样本研究(9 个组织),是一个硕士论文研究项目的主题,"维持体育活动干预的必要条件"(Guiking, 2009)。我首先介绍了如何表述必要条件(第一阶段),然后是如何收集数据(第二阶段),最后是如何通过目视检查,用 NCA 的列联表法的 6 个步骤分析数据(第三阶段)。

5.2.1 第一阶段:必要条件假设的表述

本研究的目的是为成功组织体育活动项目作出贡献。一般的研

究问题是"哪些因素有助于成功地维持体育活动项目"。这个一般性
的研究问题是与实践相关的,因为这些因素可能会受到组织的影响,
并且结果是被期望的。这项研究的关注点是必要性逻辑。具体的研
究问题是"哪些因素对于成功地维持体育活动项目是必要的"。为了
回答这个研究问题,研究人员首先将可能的因素分类为"个人""组
织"和"环境"。然后,她从文献和其他来源确定了 25 个潜在必要条
件的初步清单,并根据个人兴趣和测量的可行性,从这个列表中选择
了 9 个研究的潜在必要条件。基于这一选择,表述了以下 8 个必要
条件假设以进行检验。

- H1:管理层认为该项目是有利的,这是成功维持体育活动项
  目的必要条件(PRA = 感知相对优势,perceived relative
  advantage)。

- H2:管理层对员工参与该项目的激励是成功维持体育活动
  项目的必要条件(MC = 管理层承诺,management commit-
  ment)。

- H3:组织中存在关于运动项目的基本知识是成功维持体育活
  动项目的必要条件(K = 干预知识,knowledge of intervention)。

- H4:组织中项目拥护者的存在是成功维持体育活动项目的
  必要条件(PC = 项目拥护者,programme champion)。

- H5:充足的(财政)资源是成功维持体育活动项目的必要条
  件(FR = 财政资源,financial resources)。

- H6:管理层认识到员工致力于体育活动项目是成功维持该
  项目的必要条件(IC = 个人承诺,individual commitment)。

- H7：试验该项目的可能性是成功维持体育活动项目的必要
  条件(T=可试验性，triability)。

- H8：项目成本的合理性是成功维持体育活动项目的必要条
  件(C=成本，costs)。

这些假设的焦点单位是"组织的体育活动项目"。假设成立的
理论域是广泛的，可能"世界上所有的大型组织都有一个体育活动
项目"。

5.2.2　第二阶段：收集数据

研究策略是一个小样本的观察性研究。研究人员采用了目的性
抽样，且只选择了成功的案例。"成功"被定义为在最初的资助或测
试期后仍然继续的体育活动项目。研究人员通过使用个人网络和所
选组织的网络，从有体育活动项目的荷兰组织总体中选择案例。由
此产生由9个成功案例组成的便利抽样。根据来自每个组织的消息
提供者(管理层和员工)的知识，研究人员验证了所有选择的案例都
是成功的。对于每一个案例，8个自变量(条件)的测量如下。第一，
对理论概念进行了精确界定。第二，确定了概念的一个或多个维度。
第三，对这一概念的维度进行陈述，由信息提供者或被调查者使用问
卷，用五级李克特量表或两点是/否量表进行评分。信息提供者是指
提供关于自己以外的信息的人，被调查者是提供关于自己的信息的
人，例如观点。第四，研究人员确定谁是对陈述评估的最佳消息提供
者和被调查者(员工、管理层、参与项目的人员)。第五，通过定义和

证明得分至少为3分的条件被认为是"存在",将五级量表二分化(缺乏/存在)。研究人员访问了除一个组织以外的所有组织,以了解组织背景并亲自管理调查问卷。图5.2显示了9个案例的数据集中8个自变量和1个因变量(成功)的最终得分。8个自变量与8个假设相关:每个自变量都被假定为一个必要条件。

	A	B	C	D	E	F	G	H	I	J
1	Organisation	PRA	MC	KI	PC	FR	IC	T	C	Success
2	1	Y	Y	Y	Y	Y	N	Y	Y	Y
3	2	Y	Y	Y	Y	Y	Y	Y	Y	Y
4	3	Y	Y	Y	N	Y	Y	Y	Y	Y
5	4	Y	Y	Y	N	Y	N	Y	Y	Y
6	5	Y	Y	Y	N	Y	Y	N	Y	Y
7	6	Y	Y	Y	N	Y	N	Y	Y	Y
8	7	Y	Y	Y	N	Y	N	Y	Y	Y
9	8	Y	Y	Y	N	Y	N	Y	Y	Y
10	9	Y	Y	Y	N	Y	Y	N	Y	Y

图5.2 9个成功维持体育活动项目的组织的数据集

注:第一列为组织标识符;最后一列为成功的分数。其他列是根据8个所制定假设得出的潜在必要条件的定性变量分数(Y=是,存在;N=没有,缺乏)。PRA=感知相对优势;MC=管理层承诺;KI=干预知识;PC=项目拥护者;FR=财政资源;IC=个人承诺;T=可试验性;C=成本[改编自 Guiking(2009)]。

5.2.3 第三阶段:数据分析

1. 步骤1:制作列联表

图5.3显示了检验8个假设中的两个的列联表,即 H2 关于管理层承诺(MC)的必要性与 H4 关于项目拥护者(PC)的必要性。每个单元格包含具有观察到的 X 和 Y 值组合的案例数。案例总数为9。请注意单元格中的问号,表示没有"维持项目的案例"。其原因是没有为这些单元格选择案例,因为只选择了成功的案例,因此只能填充成功"维持项目"的单元格。根据结果的存在来选择案例是检验二分

必要条件的有效方法。

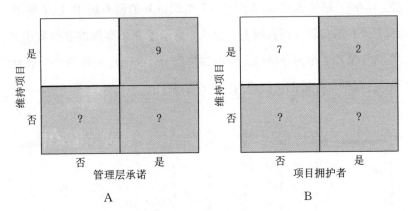

**图 5.3　检验两个在组织中维持体育活动项目的
必要条件假设(H2 和 H4)的列联表**

注:A 为管理层承诺(MC),B 为项目拥护者(PC)。

2. 步骤 2:识别空白空间

在图 5.3A 中,在左上角观察到一个预期为空的空白空间,因此对于管理层承诺(MC),我们继续数据分析方法的步骤 3。在图 5.3B 中,左上角的区域不是空白的。9 个案例中有 7 个(78%)出现在该单元格中:9 个成功案例中有 7 个没有项目拥护者(PC)。因此,对于项目拥护者(PC),我们继续数据分析方法的步骤 6。

3. 步骤 3:绘制上限线

对于管理层承诺,上限线在图 5.3A 中用粗线表示。

4. 步骤 4:量化 NCA 参数

对于左上角有一个空白单元格的二元列联表,其范围是 1,上限区域是 1。因此,管理层承诺的效应量为 1。空白空间没有案例,因此管理层承诺的上限精确度为 100%。

5. 步骤 5:评估 NCA 参数

管理层承诺的效应量是最大值,显然研究者会认为这是一个有意义的效应量。同时,上限精确度也是最大值。

6. 步骤 6:形成结论

在步骤 2 中,我们发现对于管理层承诺(MC),列联表左上角的区域是空白的,并且具有最大值的效应量和上限精确度。研究人员得出结论,假设 H2"管理层对员工参与该项目的激励是成功维持体育活动项目的必要条件"得到了支持(没有被证伪)。必要条件可以用"管理层承诺对项目的维持是必要的"来进行类别式表述,也可以用"高水平的管理层承诺对项目的维持是必要的"来进行程度式表述。

在步骤 2 中,我们发现对于项目拥护者(PC)来说,列联表左上角的空间显然不是空白的。基于这一发现,研究人员得出结论,假设 H4"组织中项目拥护者的存在是成功维持体育活动项目的必要条件"被拒绝(证伪)。

一般来说,拒绝一个假设可能有几个原因(参见第 3 章"NCA 的基本组成部分",3.4 节"数据分析"部分)。在这个例子中,研究者首先考虑测量误差的可能性(Guiking,2009:38—39):

事实上,在大多数组织中,看起来没有项目拥护者(PC)可能是由多种原因造成的。首先,关于项目拥护者存在的问题经常被误解或根本不被理解。在某些情况下,当需要时,我会澄清这个问题。尽管如此,还是有一些受访者在问题旁边打了个问号。这意味着问题不清楚,这可能会导致测量误差。

此外,她提出了一个潜在的定义问题:

尽管如此,这个问题对大多数受访者来说还是很清楚的。如果是这样的话,那么在几乎所有的案例中,项目拥护者的缺失肯定还有另一个原因。通常,PAI 是由专业人员指导的,也就是说:人们因激励和指导参与者而获得报酬。可能是一个人或一个团队的热情是足够的,无论他或他们是否得到报酬。这可能意味着项目拥护者的定义需要被改变。我使用了这样的定义:"自愿投入时间和精力来成功实施干预的人。"如果上述推理是正确的,新的定义将不再包括"自愿"一词。

研究者还对其他六个假设(H1、H3、H5、H6、H7、H8)作出了结论。对图 5.2 中数据表的检查显示,所有成功的案例也有 PRA(感知相对优势)、KI(干预知识)、FR(财政资源)和 C(成本)。因此,相应的四个假设 H1、H3、H5 和 H8 得到了支持(没有被证伪)。由于至少有一个案例位于 IC(个人承诺)和 T(可试验性)的左上角,根据必要性的确定性视角,研究者认为这些条件对于成功不是必要的,相应的假设 H6 和 H7 被拒绝(证伪)。

5.3 散点图法在 NCA 中的应用示例

第二个例子关于企业社会责任(CSR)。公司参与企业社会责任倡议有两个原因:为了对社会作出积极贡献或从企业社会责任只是商业的角度支持自己的战略目标。Skarmeas 和 Leonidou(2013)进行了一项,内容是关于导致客户对公司的企业社会责任倡议持怀疑态度的因素大样本研究(504 名客户)。Skarmeas 和 Leonidou(2013)以及 Skarmeas 等(2014)使用该数据集进行了三种类型的数据分析:多元回归、结构方程模型和模糊集合 QCA。前两种分析方法旨在确定平均的影响因素,第三种数据分析方法旨在确定充分产生结果的因素组合。我将使用他们的数据集来评估客户对公司企业社会责任动机的怀疑是否需要单一因素。这个例子也可以被用来说明 NCA 如何补充回归分析和 QCA[参见 NCA 网站上的补充材料(www.erim.nl/nca)]。我首先介绍了我如何表述必要条件(第一阶段),然后介绍了 Skarmeas 和 Leonidou(2013)如何收集数据(第二阶段),最后介绍了我如何通过 NCA 软件用 NCA 散点图法的 6 个步骤分析数据(第三阶段)。

5.3.1 第一阶段:必要条件假设的形成

这项研究的目的是避免客户对组织的企业社会责任倡议动机持怀疑态度,这可以表述为一般的研究问题,即"哪些因素导致客户对企业社会责任倡议持怀疑态度"。这个研究问题是与实践相关的,因为因素可能会受到组织的影响,结果是不理想的。最初,Skarmeas 和 Leonidou(2013)使用平均效应逻辑来寻找影响因素。我将使用必要性逻辑。具体的研究问题是"哪些因素是客户对企业社会责任倡议持怀疑态度所必要的"。当使用专栏 2.1 中的一个约束性描述时,必要性逻辑会更加隐晦,例如"哪些因素限制了客户对企业社会责任倡议的怀疑"。为了回答他们最初的研究问题,研究者首先研究了关于怀疑论一般潜在影响因素的文献。他们选择了平均来看与企业社会责任怀疑论相关的四个因素:利己主义驱动的动机、战略驱动的动机、利益相关者驱动的动机和价值驱动的动机。在后来的一项研究中,Skarmeas 等(2014)提出,每一个影响因素在理论上也可能是企业社会责任怀疑论的必要条件。因此,可以形成四个必要条件假设:

- H1:高水平的利己主义驱动的动机对于高水平的客户怀疑是必要的。
- H2:低水平的价值驱动的动机对于高水平的客户怀疑是必要的。
- H3:高水平的战略驱动的动机对于高水平的客户怀疑是必要的。
- H4:高水平的利益相关者驱动的动机对于高水平的客户怀疑是必要的。

请注意,在 H2 中,低水平的 X 对于高水平的 Y 是必要的,而在其他假设中,高水平的 X 对于高水平的 Y 是必要的。

5.3.2 第二阶段:收集数据

研究策略是一项大样本的观察性研究。研究人员使用在线平台选择了企业社会责任倡议发起公司的客户。最初的便利样本由 520 个案例组成。对于每个案例,四个自变量和因变量都是用标准化问卷测量的。受访者被要求回忆并说明他们最近去过的一家杂货店零售商,并填写关于该零售商的问卷。16 名受访者因测量效度和数据不完整而被剔除。因此,最终数据集包含了 504 个案例的数据。图 5.4 显示了从数据集中选择的 10 个案例。对于所有变量,最小和最大分数分别为 1 和 7。因为大部分变量的分数是从七分制的四个项目中取平均值得到的,所以这个变量是离散的,有 25 个可能的等级(从 4/4 到 28/4)。

	A	B	C	D	E	F
1	Case	Egoistic-driven motives	Value-driven motives	Strategy-driven motives	Stakeholder-driven motives	Scepticism
2	1	7.00	2.00	6.50	2.50	5.75
3	2	5.33	4.00	5.75	3.00	2.50
4	3	4.00	4.00	6.75	5.00	5.00
5	4	6.00	6.00	6.00	6.00	2.00
6	5	4.00	6.00	6.00	4.50	4.00
7	6	4.00	5.00	4.25	2.75	3.00
8	7	5.67	5.75	6.50	4.25	4.75
9	8	3.33	4.50	4.50	4.25	1.75
10	9	4.00	6.00	6.75	5.25	2.50
11	10	5.67	3.50	4.50	6.00	2.75

图 5.4 从 504 个案例中选择的 10 个案例的 4 个潜在必要条件的分数和结果(怀疑主义)的数据集

资料来源:Skarmeas et al.,2014。

5.3.3 第三阶段:分析数据

1. 步骤 1:制作散点图

R 语言中的 NCA 软件被用于制作四个假设的四个散点图(参见图 5.5)。

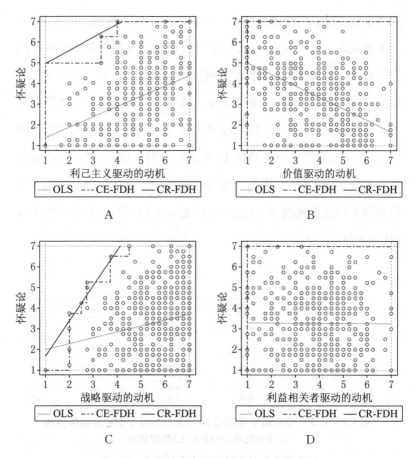

图 5.5　企业社会责任示例中的四个散点图

资料来源：Skarmeas et al.，2014。

2. 步骤 2：识别空白空间

图 5.5 的散点图显示，根据预期，利己主义驱动的动机（H1）和战略驱动的动机（H3）的空白空间位于左上角，价值驱动的动机（H2）的空白空间位于右上角。对于这些假设，可以在步骤 3 中继续分析。

对于利益相关者驱动的动机(H4),左上角应该有一个空白空间,但是这个角落有几个案例。因此,低水平的利益相关者驱动的动机的案例可能会有高水平的怀疑。对于这个假设,可以进入步骤 6 继续分析。

3. 步骤 3:绘制上限线

在绘制价值驱动的动机散点图中的上限线之前(图 5.5B),我通过翻转 X 轴,使用 nca_analysis 指令中的 flip.x = TRUE,将空白空间从右上角移动到左上角。现在最大的 X 值出现在左边,最小的 X 值出现在右边(参见图 5.6)。原因是假设认为低水平的 X 对于高水平的 Y 是必要的,NCA 软件评估 NCA 参数时假设左上角有一个空白空间。通过定义一个新的 X^* 作为缺失的 X,在左上角将有空白空间。

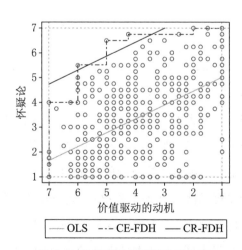

图 5.6 价值驱动的动机的散点图

注:使用翻转的 X 轴,确保预期的空白空间在左上角。

因此,绘制上限线的三个散点图是图 5.5A、图 5.5C 和图 5.6。在这些散点图中,绘制了两条默认的上限线 CE-FDH 和 CR-FDH。由于利己主义驱动的动机和价值驱动的动机的条件的上限(区域)观察的不规则形状,CE-FDH 上限线似乎是比 CR-FDH 上限线更好的选择。我只报告 CE-FDH 上限线的结果。

4. 步骤 4:量化 NCA 参数

表 5.1 显示了 NCA 参数的上限区域、范围、效应量和上限精确度。根据定义计算,CE-FDH 上限线的上限精确度为 100%。

表 5.1　散点图法示例的 NCA 参数

	利己主义驱动的动机	价值驱动的动机	战略驱动的动机
上限线(C)	5.162	5.438	10.438
范围(S)	36	36	36
效应量(d)	0.143	0.151	0.29
上限精确度	100%	100%	100%
p 值	0.079	0	0

5. 步骤 5:评估 NCA 参数

上限精确度是最大值。我设置了一个 $d=0.1$ 的阈值来评估效应量的实质意义。按照一般基准,0.1 以下的效应量可以被认为是弱效应。表 5.1 显示观察到的效应量的范围为 0.14—0.29,高于 0.1,因此这些效应量可以被认为是有意义的。我设置了一个 $p=0.05$ 的阈值来评估效应量的统计显著性。表 5.1 显示了 10 000 个置换的统计检验结果。结果表明,利己主义驱动的动机的效应量的 p 值为 0.079,高于 p 值为 0.05 的阈值。因此,观察到的利己主义驱动的动机的效应量可能是由不相关变量的随机偶然产生的。价值驱动的动

机的 p 值为 0,战略驱动的动机的 p 值为 0.004,这两个值都远低于 p 值为 0.05 的阈值。因此,观察到的价值驱动的动机和战略驱动的动机的效应量可能不是由不相关变量的随机偶然引起的。

6. 步骤 6:形成结论

表 5.2 总结了研究发现,包括假设的理论支持、效应量至少为 0.1 的实质意义以及 $p \leqslant 0.05$ 的统计显著性。这是支持假设的三个最低标准。

表 5.2　散点图示例的结果概要

	理论支持	$d \geqslant 0.1$?	$p \leqslant 0.05$?
利己主义驱动的动机	是	是	否
价值驱动的动机	是	是	是
战略驱动的动机	是	是	是
利益相关者驱动的动机	是	否	否

结果表明,所有四个假设都得到了理论支持。除了利益相关者驱动的假设,其他三个假设的效应量至少为 0.1。两个假设的 p 值小于或等于 0.05。因为支持假设必须满足所有的三个标准,所以只有价值驱动的动机和战略驱动的动机可以被认为是必要条件。它们的实质意义($d \geqslant 0.1$)和统计显著性($p \leqslant 0.05$)足够强,不会证伪必要条件假设。假设 H2 以类别形式表述为"缺乏价值驱动的动机是客户(对企业社会责任倡议)怀疑存在的必要条件",假设 H3 以类别形式表述为"战略驱动的动机是客户怀疑存在的必要条件"。瓶颈表(参见图 5.7)显示了给定的 Y 水平下需要什么样的 X 水平,并允许以程度形式表述假设。瓶颈表给出了某个特定水平的 Y 所需的两

个必要条件的水平。图 5.7 显示了两个必要条件的 CE-FDH 上限线的瓶颈表。

```
> model<-nca_analysis(data,c(2,3),5, ceilings= "ce_fdh",flip.x = c(T,F), bott
leneck.x = "actual", bottleneck.y = "actual", step.size = 1)
> nca_output(model, summaries = F, bottlenecks = T)
------------------------------------------------------------------------
Bottleneck CE-FDH (cutoff = 0)
Y Scepticism                    (actual)
1 Value.driven.motives          (actual)
2 Strategy.driven.motives (actual)
------------------------------------------------------------------------
Y      1      2
1      NN     NN
2      NN     2.000
3      NN     2.000
4      NN     2.500
5      6.000  2.750
6      5.000  3.750
7      2.000  4.500
```

图 5.7　R 语言的 NCA 软件分析企业社会责任示例的瓶颈表输出结果

注:NN 代表不必要。

本瓶颈表是由变量的实际值生成的。此外,结果的变化梯度为1,范围从 1 到 7。该表显示,对于结果水平 Y=1,价值驱动的动机和战略驱动的动机是不必要的(NN)。对于结果水平 2—3,只有战略驱动的动机是必要的,且要求水平为 2。对于更高的结果水平,这要求所需的条件水平增加。对于 5 级或以上的结果,价值驱动的动机也是必要的。对于怀疑水平为 5,价值驱动的动机 6 和战略驱动的动机2.75 是必要的。对于怀疑水平为 6,需要有价值驱动的动机 5 和战略驱动的动机 3.75 等。因为结果是不合意的(怀疑论),每个必要条件都可以防止高水平的怀疑论。价值驱动的动机在分数高于 6 时可以有效阻止怀疑水平为 5 的产生,战略驱动的动机在分数低于 2.75 时可以防止这一水平的怀疑。战略驱动的动机条件也可以防止较低水平的怀疑。如果它的值低于 2,从 2 到 7 的任何怀疑水平都可以通过战略驱动的动机来阻止产生。

5.4　运营管理研究中的 NCA 示例

　　Knol 等(2018)展示了一项关于"在制造业中小企业实施精益实践:使用必要条件分析法检验'关键成功因素'"的研究。精益生产是一种流行的制造方法,它专注于以最小的制造时间满足客户的需求。作者回顾了关于精益生产、全面质量管理和即时管理的文献,确定了精益实践的 12 个关键成功因素,然后检验了这些因素的必要性。

5.4.1　贡献

　　在引言中,作者讨论了精益生产中"关键成功因素"的含义,认为它们是必要条件,而不是充分条件。他们回顾参考文献来证明这种必要性的解释,例如通过引用以下陈述:精益生产中的关键成功因素是"在业务部门中实现有效质量管理必须实践的管理规划和行动的领域"(Knol et al.,2018:3955)。他们还提到了 Herzberg(1968)的"保健因素"概念,它虽然不能保证工作满意度,但的确需要到位,以防止出现不满意。他们将必要性逻辑与当前关于成功因素的相对"重要性"的观念进行了对比。因此,作者旨在通过将关键成功因素视为"必要但不充分"因素而非"重要"因素来提供理论贡献。他们用 NCA 检验了这一理论观点:"因此,制造业中小企业的一般假设是,在实施精益实践之前,需要存在成功因素"(Knol et al.,2018:3956)。

5.4.2　假设

作者根据对平均有助于绩效的重要精益制造因素的文献评估制定了必要条件假设。他们发现了 12 个关键成功因素,他们认为这是成功实施精益生产所必需的因素。因此,他们隐含地提出了 12 个必要条件假设。成功实施精益生产的 12 个潜在必要条件(Xs)是"高层管理支持""共同的改进愿景""良好的沟通""领导力""以人为本""学习为本""充足的资源""改进训练""绩效衡量系统""供应链""客户链"和"支持一致性"。假设的焦点单位是中小型制造业企业,理论域显然没有地理或其他限制。

5.4.3　方法

1. 数据

作者没有讨论他们的研究策略,但这意味着是一个大样本的观察研究。他们运用便利抽样法从作者研究小组的网络中选择了 33家中小型制造业企业。为了进行测量,作者使用了来自每个公司的多个受访者(平均为 6 个,总是包括生产经理)来测量 12 个条件和结果。受访者按照研究者向其解释的九点量表对每个条件进行评分。某个条件的得分是公司所有受访者的平均得分。此外,调查对象通过使用五点量表回答 41 个问题来评估结果的"实施程度"。所有答案的平均分数被用作精益生产实施程度的分数。

2. 数据分析

作者证明了选择两个上限线——上限包络线—自由处置式(CE-FDH)和上限回归线—自由处置式(CR-FDH)的合理性,指出变量 X 和 Y 既可以被解释为是离散水平的数量,这证明了 CE-FDH 的合理性;也可以认为它们几乎是连续的,这证明了 CR-FDH 的合理性。作者指出,"几乎每个散点图的左上角都有一个上限区域,不管它有多小"(Knol et al.,2017:3964),他们隐含地使用了一个大于零的效应量阈值来接受必要性假设:"对所有图形的目视检查确实显示每个图形的左上角有一个空白空间。"这些空白空间表明,所有 12 个成功因素对于实施精益生产都是必要的(Knol et al.,2018:3961)。作者没有对效应量进行统计检验,因为在他们进行研究时,这种检验还未出现。

5.4.4 结果

作者通过展示两种上限技术的所有 12 个散点图、效应量和上限精确度来报告结果。作者基于一般基准对效应量进行实质性评估。所有观察到的效应量被认为是"中等"到"大"。因为没有一个效应量是零,作者得出结论——文章中的 12 个假设得到支持。他们还对 12 个必要条件进行了瓶颈表分析。瓶颈表可以让我们深入了解几个条件的组合必要性效应,以实现给定的结果水平。例如,作者报告说,"这个瓶颈表表明,对于一些精益生产的实施来说(作者指的是大约 20%的结果水平),关键成功因素是良好的沟通、学习为本、改进结构(充足的资源、改进训练和绩效衡量系统)和支持一致性,对于更先进的精益实践者来说,最关键的因素(作者指的是要求的条件水平超过

80%)是共同的改进愿景、领导力和供应链"(Knol et al.，2018：
3968)。这里需要注意的是,措辞中的"最关键的因素"可能有些混
乱,因为所有的必要因素都同样重要:它们都可以单独阻止结果。

所有 12 个条件都是必要的结论可能为时过早,因为效应量可能
是不相关变量随机偶然的结果。由于统计随机性检验在这项研究进
行时不可用,作者向我提供了他们的数据,以便我可以进行检验。
NCA 近似置换的结果如表 5.3 所示。

表 5.3　Knol 等(2018)报告的效应量的统计显著性检验

假　设	效应量(原文)		p 值(本书)	
	CE-FDH	CR-FDH	CE-FDH	CR-FDH
高层管理支持对于精益生产是必要的	0.25	0.21	**0.140**	**0.128**
共同的改进愿景对于精益生产是必要的	0.29	0.30	0.015	0.003
良好的沟通对于精益生产是必要的	0.29	0.28	0.001	0.001
领导力对于精益生产是必要的	0.22	0.20	**0.057**	**0.056**
以人为本对于精益生产是必要的	0.20	0.16	0.035	0.093
学习为本对于精益生产是必要的	0.30	0.27	0.001	0.003
充足的资源对精益生产是必要的	0.28	0.26	0.018	0.020
改进训练对精益生产是必要的	0.39	0.34	0.000	0.000
绩效衡量系统对精益生产是必要的	0.29	0.23	0.001	0.021
供应链对精益生产是必要的	0.35	0.30	0.003	0.011
客户链对精益生产是必要的	0.16	0.10	**0.340**	**0.486**
支持一致性对精益生产是必要的	0.36	0.30	0.001	0.002

检验表明,对于大多数假设,p 值低于 0.05,因此数据似乎不符合零假设,即假设观察到的效应是由于不相关变量的随机偶然产生的。因此,数据可能支持必要条件假设。然而,特别是"高层管理支持"和"客户链"两个因素的效应量,似乎与零假设一致,因此可能不表示必要性。"高层管理支持"平均来看对于成功实施精益生产来说可能很重要,但对于成功实施精益生产来说可能不是必要的。"客户链"是指与客户就生产改进进行协作,统计检验没有发现这对于成功实施是必要的。这可能是由于对这一概念的不可靠测量,因为受访者可能将其与"客户为本"的概念相混淆,这是一个重要但不同的概念(Knol,个人通讯,2018 年 1 月 30 日)。

这篇文章是一个应用新的、相对较小的数据集进行简单的 NCA 分析的例子,是 NCA 在精益生产实施研究中的首次应用。

5.5 创业研究中的 NCA 示例

Arenius 等(2017)的文章《不需要特别行动?创业孕育活动和企业涌现的必要条件分析》中,报告了一项关于"创业孕育活动"的研究,创业孕育活动是建立新企业的创业行动。文章比较短,侧重于必要性逻辑和 NCA。作者检验了 25 个必要条件假设,并用不同的现有数据集做了 6 次检验。这篇文章可以作为例证的一个原因是,几乎所有必要的条件都被拒绝了,但仍然可以作出重要贡献。

5.5.1 贡献

在引言中,作者描述了当前"创业需要行动"的观点,并参考了一些识别了新创业者在启动过程中通常采取的具体行动的研究。这些行动的例子包括做初步的市场研究、建立一个团队和获得资金。这些活动被认为对成为一家成功的公司很重要,但它们也是必要的吗?作者指出,现有的研究侧重于产生结果的因素或因素组合,并作如下陈述,"尽管传统智慧和广泛的学术观点一致认为创业孕育活动确实重要,但从经验上来说,对每个单个活动的相对重要性以及孕育活动的复杂组态如何塑造创业结果仍没有定论"(Arenius et al.,2017:87)。因此,作者在写"每个单个活动的相对重要性"时隐含地参考了当前的回归研究,在写"创业孕育活动的复杂组态"时参考了当前的定性比较分析(QCA)研究。Arenius 等人在总结他们对当前技术水平的描述时说道,"总之,在试图将创业孕育活动确定为企业涌现的充分条件时,先前的研究似乎已经走到了经验主义的死胡同,也就是说——我们仍然不知道什么样的单一条件的复杂组合更有可能解释企业涌现"(Arenius et al.,2017:87)。

作者提出通过作出以下理论贡献,将充分性思维的共识,即产生结果的思维,转向必要性思维:"在当前的文章中,我们建议……将检验逻辑从充分性逻辑转变为必要性逻辑"(Arenius et al.,2017:87)。具体而言,他们的贡献如下:

因此,我们旨在通过探索(1)特定的创业孕育活动,(2)一定数量的创业孕育活动,(3)某些类别的创业孕育活动,是否是企业涌现的必要条件,以此为文献提供一些重要的贡献。对于我们的实证检验,我们应用了一种称为"必要条件分析"(NCA)的新的方法技术[⋯⋯],在最近一个四个国家的新生企业协调数据集上[⋯⋯],NCA 在如下情况下特别有用,其中几个预测因素(如创业孕育活动)有助于预期结果(如公司涌现),但没有一个预测因素是充分的。在这种情况下,NCA 既可以识别关键预测因子,又可以识别一些预测因子的临界水平,这些预测因子必须存在以实现期望的结果(Arenius et al.,2017:88)。

这篇文献的主要贡献是通过运用必要性逻辑产生理论贡献。运用 NCA 技术还有一个方法论上的贡献。作者提到,他们的研究可以对实践有所贡献,但没有具体说明。

5.5.2 假设

作者提出了几个假设。第一组假设处理 18 个创业孕育活动,它们是整个数据集的一部分(参见下文)。他们认为这些活动中的每一项都是企业成功的必要条件,因此提出了 18 个必要条件假设。第二,作者提出了活动数量是成功所必需的假设。第三,根据文献,他们将创业孕育活动分为六类:公共存在、运营、基础设施、规划、资金和复杂性。他们指出,成功的初创企业需要每一个特定的活动类别,从而产生另外六个必要条件假设。假设的焦点单位是"企业"。未指定理论域;这一理论可能被认为适用于世界上任何一家初创企业。

5.5.3 方法

1. 数据

作者自己没有收集数据。他们使用现有的数据集来检验假设。他们从不同国家(澳大利亚、瑞典、中国,以及从美国获得了两个数据集)获得了五个数据集,称之为"样本"。他们还将数据集整合成一个由 3 537 个活跃的新创企业组成的"整体"数据集。因此,假设被检验了六次:五次是用单独的数据集,一次是用整体数据集。作者强调,数据是纵向的、大样本的;隐含的研究策略是一个大样本的观察研究。关于抽样,他们认为国家数据集代表了各自国家的初创企业。难以明确整体数据集代表了哪个群体。自变量是潜在的必要条件,对于自变量的测量,他们参考了对数据集进行解释的文献,但没有给出关于测量分数的细节,例如关于水平是二分的、离散的或是连续的。问卷被用于收集数据。从散点图中可以看出,利润是二分的,即 24 个月后的利润为"是"或"否",创业孕育活动的数量是离散的,有 2—18 个水平。

2. 数据分析

作者使用两个默认的上限线:上限包络线—自由处置式(CE-FDH)和上限回归线—自由处置式(CR-FDH),没有进一步的解释。请注意,关于活动数量和利润的假设最好用 CE-FDH 来分析,因为结果是二分的。用 CR-FDH 计算的效应量是用 CE-FDH 计算的效应量的一半。为了评估效应量,作者参考一般基准的效应量阈值,并考虑如果效应量低于 0.1,则缺乏必要条件。文章没有进行效应量的统计检验,因为在他们进行研究的时候没有这样的检验。

5.5.4 结果

由于篇幅有限,作者只给出了一个假设的散点图:创业孕育活动数量和利润之间的关系。对于这个假设,他们显示了每个数据集(包括整体数据集)的散点图,因此有六个散点图。该假设没有报告效应量,但可以观察到,五个散点图的左上角都没有空白空间,因此效应量为零。一个例外是,研究没有给出效应量,但是可以观察到,CE-FDH 效应量是 $1/16 = 0.06$,因此低于作者选择的 0.1 阈值。然而,作者总结道,"总的来说,我们的发现表明,在选定的时间内,企业的涌现需要一定程度的活动"(Arenius et al.,2017:89)。他们的结论基于五幅图得出,这五幅图表明两个或更多的活动使得获利是可能的,另一幅图表明需要三个或更多的活动使得获利的结果是可能的。

对于创业孕育活动与利润间必要性关系的 18 个假设,文章没有给出散点图,但给出了效应量。所有效应量都是零。同样,文章关于创业孕育活动类别和利润之间的必要性关系的六个假设也没有提供散点图,但是解释了没有一个类别是必要的。作者还提供了对成功的不同操作和不同子样本的结果,并发现了相似的结果,显示了他们的发现具有稳健性,即大多数假设应该被拒绝。请注意,作者隐含地使用了必要性的确定性视角(参见第 2 章"NCA 的哲学假设和逻辑",2.3 节中的"必要性的确定性和概率视角"),因此只要左上角有一个案例就可以拒绝必要性假设。作者没有提出瓶颈表,因为当效应量为零时,这是没有意义的。

拒绝假设是一个有价值的结果,可以提供重要的见解。作者得出结论,"不进行 18 个创业孕育活动中的任一个并不妨碍公司的涌现,涌现被操作化为在 24 个月时首笔利润出现"(Arenius et al.,2017:89),因此"没有特定的创业孕育活动是必要的"(Arenius et al.,2017:90)。他们继续说:"考虑到创业孕育活动在组织和行业中普遍重要的假设,这是非常令人惊讶的⋯⋯我们意想不到的结果为未来的理论和实证工作提供了理由,以重新考虑关于创业孕育活动在企业涌现中的作用的长期假设。"

这篇文章是利用现有数据集进行简单 NCA 分析的一个例子。文章比较短。尽管几乎所有的假设都被拒绝,但它提供了重要的新理论见解,可以为未来的研究提供新的方向。

5.6　战略研究中的 NCA 范例

Tho(2018)提出了一项关于"企业能力和绩效:必要条件分析"的研究。在企业的资源基础观(Resource Based View,RBV)中,一个公司必须利用一系列资源和能力来获得竞争优势。这篇文章重点研究了两种能力:营销能力和创新能力。作者检验了这些能力对于公司绩效是否必要。

5.6.1 贡献

通过文献回顾,作者解释了企业能力的重要性。企业能力被定义为作为企业绩效促进因素的一系列知识和技能。他提到了专注于企业能力对绩效的平均效应的文献,并随后引用 Eisenhardt 和 Martin(2000:1106),强调了看待企业能力和绩效之间关系的另一种方式:"能力是竞争优势的必要条件,但非充分条件"(Tho,2018:323)。作者指出,"然而,据作者所知,在文献中,每种能力的何种水平是达到预期绩效水平的必要条件的问题在很大程度上被忽略了"(Tho,2018:323)。因此,他建议通过 NCA"研究两种关键企业能力的必要性水平……以提高企业绩效"(Tho,2018:323)。对于绩效的能力的"必要性水平",作者的意思是(个人通信,2018 年 12 月 21 日)"达到一定绩效水平所必需的能力水平",因为必要性本身没有程度可言。因此,该文的理论贡献是用必要性逻辑来描述能力和绩效之间的关系,方法论贡献是首次将 NCA 应用于这一研究领域。

5.6.2 假设

在该文"理论和假设"一节中,作者继续进行文献综述,并解释了为什么两种选定的能力可以被认为是必要条件。他将营销能力细分为四个独立的能力,并隐含地提出了五个"程式"的必要条件假设,即"本研究正式提出营销能力(包括对客户的响应能力、对竞争对手的响应能力、对宏观环境的响应能力和业务关系质量,以及创新能力)

是企业绩效的必要条件,但处于不同的水平"(Tho,2018:324)。

5.6.3 方法

1. 数据

作者没有讨论他的研究策略,但暗示这是一项大样本的观察研究。他显然使用了便利抽样的方法,选择了越南胡志明市的311家制造业和服务业公司。为了进行测量,公司的一名高级经理被选作受访者,并接受了面对面的访谈。问卷调查采用多条目、七点李克特量表。六个变量的得分通过取变量的条目得分的平均值来获得。

2. 数据分析

作者使用了两个默认的上限线:上限包络线—自由处置式(CE-FDH)和上限回归线—自由处置式(CR-FDH),但没有进一步的解释。为了评估效应量,作者没有提到效应量阈值,但显然认为当效应量大于零时,存在必要条件。他们没有进行效应量的统计检验,因为他们研究的时候,这样的检验方法还没出现。

虽然该文的主要贡献是使用了必要性逻辑和应用了NCA。为了进行比较,该文还通过使用标准的多元回归分析来分析数据,以估计能力对绩效的平均效应。回归分析不仅包括五种能力,还包括控制变量。请注意,回归分析中需要控制变量,因为不包括它们可能会给出有偏差的结果。当与自变量和因变量相关的变量在回归分析中不作为控制变量时,可能会出现这种"遗漏变量偏差"。然而,NCA不需要控制变量,因为必要条件可独立于因果结构的其余部分运行,并且结果不受添加或省略其他变量的影响。

5.6.4　结果

作者给出了五幅散点图来评估能力和绩效之间的必要性关系。并非所有能力都报告了效应量。所有五幅散点图的左上角都有期望的空白空间,因此效应量都非零。作者只呈现最高和次高的效应量。对客户的响应能力的效应量最大,CE-FDH 和 CR-FDH 的效应量分别为 0.158 和 0.136。作者展示了瓶颈表,并广泛讨论了该表及其对实践的意义:"企业……应该设定绩效的目标水平,然后确定……每项能力对其绩效目标所需的(必要)水平。"(Tho,2018:330)例如,他说:

研究结果表明,为了达到 60% 的绩效水平,业务关系质量和创新能力不是企业绩效的必要条件,但要达到……(目标绩效)水平,需要其他能力(对客户的响应能力为 26.2%;对竞争对手的响应能力为 22.6%;对宏观环境的响应能力为 17.5%)。当提高绩效水平(例如 80% 的水平)时,所有这些能力都是公司绩效的必要条件,但处于不同的水平(对客户的响应能力为 33.3%;对竞争对手的响应能力为 22.6%;对宏观环境的响应能力为 17.5%;业务关系质量为 25.0%;创新能力为 20.0%)(Tho,2018:330)。

这篇文章是一个直截了当的 NCA 分析的例子,在理论、方法论和实践方面作出了贡献。

5.7 创新研究中的 NCA 示例

Van der Valk 等(2016)的文章标题为"什么时候契约和信任对采购商—供应商关系的创新是必要的？一个必要条件分析",该文研究了买方企业如何在外包流程、产品和服务创新方面激励供应商企业进行供应商主导的创新。契约和信任被认为是促成成功的供应商主导创新的两个重要因素。契约涉及采购商和供应商公司之间契约的详细程度。信任有两个维度。善意信任与在契约中履行约定角色的意图有关,能力信任与履行该角色的能力有关。作者认为,契约细节、善意信任和能力信任可能是高创新绩效的必要条件。

5.7.1 贡献

该文拟作三点贡献。第一个贡献是运用必要性逻辑和 NCA 的方法论贡献。这篇文章发表在关于采购和供应管理研究新方法的特刊上。文章中有一整节论述"必要条件的逻辑",包括"NCA 技术"与"必要性思维和 NCA 对比充分性思维和回归"这两个小节。文章对比了必要性逻辑和充分性逻辑。作者认为,目前对基于回归研究的解释侧重于充分性:预测因子是增加(产生)结果的充分原因。他们引入 NCA 作为"一个额外的逻辑和数据分析工具,用于更细粒度地理解采购和供应管理现象"(Van der Valk et al., 2016:267)。该文的第二个贡献是理论性的。文献提到了关于契约和信任对成功绩效的组合效应的两种理论观点。在"替代"观点中,契约或信任有助于结果;在"互补"观点中,契约和信任有助于结果。通过使用必要性逻辑,作者认为,如果契约和信任对于成功的合作创新都是必要的,那么互补观点将得到支持。

5.7.2 假设

在"理论背景"一节中,作者回顾了关于契约和信任对创新绩效作用的治理和创新领域的文献。文献一般认为契约和信任是平均水平上创新的促成因素,而不是必要因素,尽管文献也暗示了契约和信任的必要性。作者指出,明确地将它们视为创新的必要条件也是值得的:"迄今为止,还没有从必要性的角度来看待或分析与创新有关的契约和信任。因此,NCA 被应用于现有的关于契约、信任和(供应商主导的)创新的数据。"(Van der Valk et al., 2016:268)作者只是隐含地表述了三个必要条件假设,即契约细节、善意信任和能力信任是采购商—供应商关系创新的必要条件:"出于探索性,本文不进行陈述或检验正式假设,而是探索假定的关系"(Van der Valk et al., 2016:269)。

5.7.3 方法

1. 数据

这项研究采用了调查研究策略,因此是一项大样本的观察研究。其隐含假设的焦点单位是"采购商—供应商关系"。选定的人群包括

荷兰维修服务的采购商—供应商关系。采购商—供应商关系的抽样
调查是通过荷兰资产所有者和维护服务提供商专业协会的采购商成
员进行的。采购商通过选择合同来选择采购商—供应商关系。研究
联系了所有 430 个买方成员,但只有 75 个成员作出了反应,48 个成
员提供了有用的信息。因此,采购商—供应商关系的最终样本是非
概率性样本。对于测量,采购商成员是他们选择的采购商—供应商
关系的受访者。问卷采用多条目、五点或七点李克特量表。四个变
量的得分通过取变量的项目得分的平均值来获得。

2. 数据分析

作者使用了两个默认的上限线——上限包络线—自由处置式
(CE-FDH)和上限回归线—自由处置式(CR-FDH),但没有进一步解
释。为了评估效应量,作者使用了一般的基准效应量阈值。作者没
有对效应量进行统计检验,因为在他们研究的时候还没有这样的
检验。

5.7.4 结果

作者展示了散点图来评估契约细节、善意信任和能力信任与创
新之间的必要性关系。作者提供了几个 NCA 参数的详细信息,包括
效应量、精确度、上限区域和范围。他们对效应量的实质性评估是基
于一般基准,并表明所有三个因素都有一个中到大的效应量。作者
认为这三个条件是创新绩效的必要条件。最近,数据被重新进行了
分析,以对效应量进行统计检验(Dul et al.,即将发表)。该检验显示
p 值较低($p<0.05$),表明结果可能不是由不相关变量随机偶然产生

的。作者展示了瓶颈表,并对该表及其实践意义进行了广泛的讨论。基于瓶颈表,作者提出了三类创新:低创新到 52% 的创新——一半的采购商—供应商关系实现了这类创新,这种创新不需要任何条件;只有 10% 的采购商—供应商关系实现了 79%—100% 的高创新,而高水平的条件是实现这一创新水平所必需的;对于中等创新,在这种情况下,只有小至中等水平的条件是必要的。作者认为这些结果可能提供两个实际的贡献:(1)避免创新的失败;(2)避免创新资源的浪费。为了避免失败,作者指出,"本文提供了在服务外包关系中寻求供应商主导的创新时需要满足的条件,以及这些条件的要求水平"(Van der Valk et al., 2016:274)。为了避免浪费,作者指出,"这篇文章提供了对组织有效利用资源的程度的见解。在创新绩效低于预期的情况下,本文将管理注意力引向那些为了实现预期的、更高水平的创新而实际上应该实施或加强的条件。相比之下,过度投资某些条件的组织可以将其努力转向更重要的事项,这些事项是瓶颈,即低于实现预期结果的必要性阈值水平的条件(Van der Valk et al., 2016:274)。

即使数据集有限,这篇文章仍是一个作出理论、方法论和实践贡献的例子。

5.8 总结

本章介绍了 NCA 在商业和管理不同领域应用的六个例证。这些例子表明,有了 NCA,可以获得理论、实践和方法论上的新见解,从而对这些领域的现有知识体系作出贡献。这些示例还显示了如何开发必要条件假设(另见附录 1)以及 NCA 方法如何检验这些假设并且报告检验结果(另见附录 3)。这里描述的例子中的各种专业主题,以及其他在各种研究领域中已发表的例子(关于最新的概述,请参见 NCA 网站:www. erim. eur. nl/necessary-condition-analysis/publications/)表明 NCA 可以被应用于几乎任何商业和管理领域及其子领域,甚至是更广的领域。当你把 NCA 应用到你的专业领域时,你可能是第一批这样做的研究人员之一。通过应用 NCA,你可以帮助塑造如何最好地应用和报告它。

6 优势与劣势

6.1　本章概览

本书展示了如何使用 NCA 方法。第 2 章提出了 NCA 的哲学假设和逻辑,第 3 章提出了 NCA 的基本组成部分(假设、数据和数据分析),第 4 章则阐述了应如何运用 NCA 进行数据分析。将 NCA 使用目视检查进行定性数据分析的列联表方法与 NCA 使用 R 中的 NCA 软件进行定量数据分析的散点图方法进行了区分。第 5 章举例说明了 NCA 如何被应用于各种商业和管理领域的已发表研究成果中。

任何研究方法都有其优点和缺点,NCA 也是如此。重要的是,只有了解方法的优缺点,才可以对研究方法作出合理的选择。了解方法的弱点,可以正确处理这些劣势,并适当报告其他的劣势(另请参见附录 3)。在本章中,我将讨论总结 NCA 的优势和劣势,参见表 6.1。

表 6.1　NCA 的优势和劣势

优　势	劣　势
新颖性	新颖性
必要性逻辑	非主流的逻辑方法
简约的理论	理论与结果的出现无关
简单的数据收集	对异常值很敏感
直观的数据分析	没有解决什么是"最佳"的上限线
应用广泛	统计推断尚未发展成熟
与实际相关	
为有趣的发表提供了机会	

6.2　优势

6.2.1　新颖性

　　与已有的方法相比,NCA 是一个相对较新的方法。本方法使用一种新的逻辑和一种新的数据分析方法,可以让使用者对现有知识和数据有全新的了解。在研究中,NCA 可被用于增强现有理论或创建新理论。在实践中,NCA 的结果可被用于定义影响结果的设计、管理或控制因素的新方法。因此,NCA 的发现可能会对研究和实践产生重大影响。一名管理学顶级期刊的编辑对 NCA 作出如下评论:"就我个人而言,[这篇 NCA 文章]是我在该期刊上处理过的最有趣的论文,因为它确实代表了一种思考数据分析的新方法。"但是,新事物也有一个缺点,我将在劣势部分中进行讨论,并说明其他编辑对于NCA 的踌躇。

6.2.2 必要性逻辑

NCA 的必要性逻辑是直觉性的(intuitive)。在本书的第一段我提到,每天每个人都可以轻松掌握许多必要性逻辑的例子。而且,必要性逻辑无处不在,因此在任何研究领域都可以找到必要条件陈述。必要性逻辑是直觉性的且广泛存在的,这使人们可以快速理解为什么要在进行一项研究项目中使用 NCA 方法。

6.2.3 简约的理论

因果理论的目的是在已知原因的情况下预测结果。必要性理论能够用简单的理论几乎完美地预测结果的缺乏。必要性理论是简约的理论:通常仅包括一个或几个因素。每个单一因素的必要性分析,几乎可以完美地预测当特定水平的因素缺乏时,特定水平的结果也会缺乏。因此,该因素是结果的瓶颈或约束。当必要因素出现在合适的水平时,它就使能结果。当它在合适的水平上缺乏时则会限制结果的存在。因此,为了实现结果,具备这个因素是至关重要的、基本的和必要的:"必须有"而不是"有很好"。必要前因的缺乏是结果缺乏的非常有力的预测因素。当可用于数据收集和数据分析的时间是有限的时,例如在硕士学位论文研究中,简约的理论研究可以通过陈述一个或几个因素可能是必要条件或可能不是必要条件来得出重要的结论。

6.2.4　简单的数据收集

为了实证地发展和检验假设,数据是必需的,因此你必须获得包括假设中(前因和结果)所包含的所有变量的分数。由于必要性理论是简约的,只需要很少的变量,因此数据收集相对简单。也可以使用自己的、其他研究人员的或公共领域中可用的现有数据集。此类数据集可能包含必要条件假设的变量的分数。该数据集以前可能已被用于其他研究,例如基于可加性逻辑和回归分析的平均效应的假设检验。将 NCA 应用于同一数据集时可能会有新的结果。

6.2.5　直观的数据分析

NCA 通过列联表方法和散点图方法直观地进行数据分析。NCA 主要是双变量的 XY 分析。这种分析的结果不依赖于其他变量的存在与否。另外,NCA 不需要控制变量,因为不存在"遗漏变量偏差"的风险。可以使用 R 语言中的 NCA 软件进行定量分析。即使你还不了解 R 语言,也可以快速进行分析。

基本上,NCA 分析要在 X 和 Y 的图形表示中(列联表或散点图)识别没有案例的空白角。利用 NCA 的效应量(例如空白空间的相对空白),可以评估必要条件假设的实质意义和统计意义。效应量的统计分析不需要高级统计知识。此外,NCA 的统计显著性检验不要求数据分布的假设或其他重要假设。唯一要求的假设是数据是来自总体的概率性抽样，这是统计检验的常见要求。

6.2.6 应用广泛

NCA 是可以广泛应用的通用实证研究方法。如果可以表述并在理论上证明潜在的必要条件，那么 NCA 可以被应用于技术、医学和社会科学中的任何研究主题。NCA 适用于硕士研究课题、博士研究课题或任何其他研究课题。在这些课题中，NCA 可能是主要方法，但也可以作为其他方法的补充以获取更多见解，例如完善基于回归的研究或完善 QCA 研究（请参阅 NCA 网站上的补充材料：www.erim.nl/nca）。NCA 可以与任何类型的研究哲学一起使用。它主要在实证主义框架内使用，但也可以在诠释主义或其他哲学框架内使用。大多数 NCA 研究都是观察性研究，使用的是小样本案例研究策略或大样本调查策略。但是，NCA 也可以被应用于实验研究设计中。此外，它可以与任何类型的案例选择或抽样策略一起使用，例如目的性抽样、概率抽样和便利抽样；可以在具有定性分数或定量分数的任何类型的数据集中应用；以及在两种不同的数据分析方法中使用：定性目视检查或定量统计分析。实际上，NCA 是一种通用的方法。

6.2.7 与实际相关

NCA 研究对于实践的有用性是明确的。如果一种必要条件被确定，则必须在实践中使该条件存在并将其保持在合适水平以保证结果存在。该条件的缺乏无法通过其他因素来补偿。如果这个条件在必要的水平上缺乏，那么就没有必要为了增加结果而研究有助于结果的其他因素。因此，NCA可以帮助避免失败和资源浪费。这些研究事例可以在 Tho(2018)和 Van der Valk 等(2016)的 NCA 研究中找到。

6.2.8　为有趣的发表提供了机会

NCA利用一种新的逻辑和一种新的方法对某个领域提供新的想法和见解，因此有可能对文献作出新的理论上、实践上和方法论上的贡献。具有新颖性的发表，包括学位论文和期刊文章，在科学界广受赞赏。你可以通过使用新的逻辑和使用如 NCA 的研究工具帮助你实现提出新理解的目标。由于 NCA 是新方法，你所在领域中没有或只有少数其他研究人员使用过该方法，因此你可能是你所在领域中第一个使用该方法的研究人员。具体来说，当识别到必要条件时，可能有的因素以前被认为仅是"重要的"，而在新的见解中现在可能被标记为"关键的"或"决定性的"。因此，不能忽略该因素。它必须被包含在旨在解释结果的理论模型中，以及被包含在产生结果的一系列实践指南中。同样，当没有识别到必要条件时，以前认为对结果至关重要的因素实际上不是关键因素，可以被其他因素代替。Arenius 等(2017)进行的 NCA 研究就是一个例子。此外，使用 NCA 方法发表的文章，无论是学位论文还是文章，都可以帮助制定应用该方法的"最佳实践"，以及使用该方法发表论文的最佳方式。

6.3 劣势

6.3.1 新颖性

新颖性是 NCA 的优势的同时也成为其劣势。许多研究人员不熟悉该方法,尤其是与例如充分性逻辑、平均效应分析和回归方法等主流逻辑、分析和方法相比时。当人们不了解 NCA 时,他们可能不确定该方法的工作原理和质量。一名管理学顶级期刊的编辑对此犹豫不决:"NCA 如此之新,需要验证,甚至可能需要顶级期刊认可,新颖性这一事实限制了你的贡献而不是增强了它。"

NCA 的新颖性引发了许多有关 NCA 及其应用方式的问题,甚至会提出一些既有方法不会再被问到的问题,也有一些问题与NCA 方法本身无关,而是针对任何实证研究方法的普遍问题。这类问题,如"NCA 可以证明因果关系吗"或"NCA 是否对不良抽样敏感",试图得到"否"或"是"的明确答案。此外,与其他既有方法相比,NCA 应用的例子数量有限,尚未确立良好实践和良好报告的标准。

尽管 NCA 的新颖性会随着时间而改变,但仍然可能会带来采用新方法的弊端。解决此问题的最佳方法是了解 NCA,并认识到其优势和劣势。你可能会参考 NCA 的成功应用,也可以与其他 NCA 研究人员分享如何处理新颖性的经验。最后,重要的是你可能喜欢成为一名创新者。

6.3.2 非主流的逻辑方法

大多数人理解和使用"前因"作为充分条件,而不是必要条件。关于因果推理心理学的研究表明,即使两种解释都是同等有效的,但人们仍以充分性而非必要性来解释数据模式(Mandel and Lehman,1998)。此外,当我们观察散点图时,我们关注的是数据点,而不是空白空间。在我们的统计课程中,我们被教导要分析完整的空间,而不是空白空间。我们想知道如何烤蛋糕,而不是我们如何做会导致不能烤蛋糕。NCA 的一个缺点是它使用了非主流的必要性逻辑。当目前研究的重点放在另一种逻辑上时,它需要付出努力和清晰的思考来理解本逻辑并寻找其价值。通常,在讨论必要性和必要性推理时,可能会突然无意识地返回到充分性推理,回到我们过去所考虑的问题。类似地,当导师和评审人等同行对 NCA 研究进行审阅或评论时,他们的论证通常基于充分性逻辑,而不是必要性逻辑。解决NCA 这个不足的唯一方法是在发表和讨论中重复阐明 NCA 所基于的不同逻辑。

6.3.3 理论与结果的出现无关

必要性理论的一个基本局限性在于,它只能预测结果的缺乏,而不能预测结果的存在。NCA 专注于导致或阻止结果出现的单个因素的必要性,而不是如何产生结果。这是一个严重的局限性,因为我们最终是对如何产生结果感兴趣。尽管这在社会科学中非常困难——我甚至在第 3 章"NCA 的基本组成部分"的"理论"部分中将其称为"不可能完成的任务"——所有因果研究的工作都集中在这个目标上,而 NCA 对结果不能实现的预测可能被认为对该目标的贡献是有限的。尽管在某些领域中,一系列已确定的必要条件组合起来可能对于结果来说是充分的[例如 Van Rhee 和 Dul(2018)],但在其他研究领域中可能并不适用。也可能不存在单一的必要条件,因为所有因素都可以相互补充。在那种情况下,NCA 无法提供其他见解,除了以下结论:不存在必要的条件,没有任何一个因素可以阻止结果实现。

这个缺陷可以通过以下方式得到解决:通过承认 NCA 不能预测结果的存在,并参考大多数其他数据方法来预测结果的存在,至少可以预测平均结果。

6.3.4 对异常值很敏感

与其他数据分析方法一样,NCA 的结果可能对异常情况很敏感。但与其他数据分析方法相比,尤其与平均效应方法相比,NCA 可能对上限线附近的异常值更敏感。原因之一是上限线主要使用所有可用案例中的位于上方的案例。如果其中一个案例是异常值,则该异常值对上限线和必要性效应量的影响可能会很大。相比之下,将所有案例都用于估计集中趋势的平均效应模型得出的结果,可能对异常值不太敏感。

为了处理 NCA 的这个缺点,防止由于误差而产生的异常值是非常重要的。通过进行良好的测量,可以防止由于测量误差而产生的异常值。可以通过良好的案例选择和抽样来防止由于抽样误差引起的异常值。此外,可以检查靠近上限线的案例或确定范围的案例(X和Y的最小值和最大值对应的案例)是否为异常值。应删除由样本误差或不可修复的测量误差引起的异常值。出于另一个原因,关注上限线周围的案例也是有效的。当结果是所期望的,并且条件是需要付出努力的,上限线附近的案例可以被标记为就效率而言的"最佳案例":这些案例对于给定的努力能够产生最高的期望结果,或者类似地,达到给定结果需要的努力最少。这些案例可用于基准测试。

6.3.5　没有解决什么是"最佳"的上限线

在 NCA 的离散或连续变量数据分析中,你可以选择多条上限线作为无案例区域和有案例区域之间的边界。尽管基于数据或理论上的考虑提出了两条默认线,即上限包络线—自由处置式(CE-FDH)和上限回归线—自由处置式(CR-FDH),但是没有严格规定何时在哪里使用哪条上限线。目前,CE-FDH 分段式上限线,在两种情况下使用是合理的。在第一种情况下,变量是离散的,水平数相对较少。在第二种情况下,没有案例的空白区域与充满案例的区域之间的边界是不规则的。CR-FDH 上限线是一条直线,在两种情况下可以合理应用:第一种是变量为连续的或虽离散的但具有大量的水平,第二种是理论认为上限线为直线。在未来的研究中,需要进一步研究"最佳"线的标准,特别是在给定假设下通过应用"无偏"和"效率"等标准进行统计推断的"最佳"线是什么。对"最佳"上限线的研究,例如模拟,可能会导致上限线的重新定义。这个缺点可以通过根据"最佳可得"(best available)选择上限线来解决。此外,当这两条上限线可能因不同原因被选择时,可以使用这两条默认上限线来分析,并通过比较结果来进行稳健性检验。这种做法已被几名研究人员采用(例如:Van der Valk et al.,2016;Luther et al.,2017;Knol et al.,2018)。

6.3.6 统计推断尚未发展成熟

在 NCA 的当前发展阶段,其统计推断尚未充分得到开发。NCA 目前提供例如效应量和上限精确度等对数据的描述性统计。NCA 也可以提供根据近似置换检验得到的效应量的统计显著性检验(p 值)方面的统计推断,以检查观察到的效应量是否可能由两个不相关变量引起。尽管这些统计工具将满足大多数需求,但为了更好地了解本方法,还需要更多的统计方面的发展。例如,NCA 统计工具箱可以通过置信区间的估计进行扩展,但这还需要进一步的发展,因为标准分析或 Bootstrapping 方法不适用于 NCA,或者可以使用更高级的方法如贝叶斯统计进行扩展。虽然 NCA 的这个劣势不会立即影响目前的分析,但可以通过承认置信水平、贝叶斯统计和其他目前没有在 NCA 中应用的先进的统计工具来处理。

6.4 结论

读完这本书,并通过这份 NCA 的优势和劣势的列表,你将更好地了解 NCA 的特征及其可能性和局限性。我希望你现在能够在你的研究项目中应用该方法，就像之前的其他人所做的那样。可以在 NCA 网站（www.erim.nl/nca）上找到已发表的 NCA 研究的最新概述。这个网站还有一个关于本书的特别部分，你可以在那里找到补充材料。你也可以为本书留言，以便我在更新时可以改进它。如果你需要更多信息或想表达你的观点，你可以通过 NCA 网站或在会议上与 NCA 社区联系。

希望你从本书中受益。

术语汇编

absolute inefficiency　绝对无效率

必要条件不约束结果,且结果不受必要条件约束的范围的总和。另参见条件无效率、结果无效率、相对无效率。

accuracy　精确度

参见上限精确度、p 值精确度。

additive logic　可加性逻辑

一种因果逻辑,其中前因可以相互补偿。另参见必要性逻辑、充分性逻辑。

analytical generalisation　分析归纳

基于理论分析和推理,某一特定研究的结果也适用于更广泛的理论域的陈述。另参见统计归纳。

approximate permutation test　近似置换检验

一种统计检验,通过重新排列案例的标签从所有可能的效应值中随机选择一个大样本来产生 p 值的估计数,以接近零假设下的效应值的分布。另参见置换检验。

binary logic　二元逻辑

二值逻辑,陈述只能为真或假。另参见因果逻辑、条件逻辑。

bivariate analysis　　双变量分析

一种有两个变量的统计分析。另参见多重双变量分析。

Boolean logic　　布尔逻辑

参见二元逻辑。

bottleneck table　　瓶颈表

一种上限线的表格形式，它显示了对于结果 Y 的给定值，哪些条件值是必要的。另参见上限线。

***c*-accuracy　　c-精确度**

参见上限精确度。

case　　案例

一个焦点单位的实例。另参见焦点单位。

case selection　　案例选择

从一组案例中选择一个或少量的案例纳入小样本研究。另参见抽样、小样本研究。

case study　　案例研究

一种研究策略，选择一个或少量案例进行小样本观察性研究。另参见实验、调查。

causal logic　　因果逻辑

陈述因果关系的逻辑。另参见二元逻辑、条件逻辑。

causal relation　　因果关系

一个焦点单位的两个变量 X 和 Y 之间的关系，其中 X 的值（或其变化）允许或导致 Y 的值（或其变化）。另参见前因。

cause　　前因

一个焦点单位的变量 X 的值（或它的变化）允许或导致另一个变量

Y 的值(或它的变化)。另参见必要条件、充分条件。

ceiling envelopement-free disposal hull(CE-FDH)　上限包络线-自由处置式

一种基于自由处置式的阶梯函数上限线。另参见 CR-FDH。

ceiling accuracy　上限精确度

案例在上限线以上或以下的程度,以占案例总数的百分比表示。

ceiling line　上限线

在 XY 散点图或 XY 列联表中,没有案例的空间(实际上)与有案例的空间之间的边界。另参见 CE-FDH、CR-FDH。

ceiling regression-free disposal hull(CR-FDH)　上限回归线-自由处置式

一种直的上限回归线,基于通过左上方节点的自由处置式趋势线。另参见 CE-FDH。

ceiling zone　上限区域

上限线上方(实际上)空白的空间。

concept　概念

一个命题中的焦点单位的变量。另参见因变量概念、自变量概念、变量。

conceptual model　概念模型

一个命题或假设的视觉化表示,其中的概念或变量用矩形表示,它们之间的关系用箭头表示。箭头由自变量指向因变量。

condition　条件

一个焦点单位的变量 X,其值(或其变化)允许或导致另一个变量 Y(称为"结果")的值(或其变化)。另参见自变量概念、自变量、必要条件、结果、充分条件。

conditional logic　　条件逻辑

命题"如果……那么……"只能为真或假。另参见二元逻辑。

condition inefficiency　　条件无效率

条件不约束结果的范围。另参见绝对无效率、结果无效率、相对无效率。

contingency table　　列联表

一个通过单元格显示的案例数量来表示条件和结果之间的关系的矩阵。另参见散点图。

continuous necessary condition　　连续必要条件

一种条件和结果的取值是连续的必要条件,可以有无限个水平(值)。另参见二分必要条件、离散必要条件。

control variable　　控制变量

在基于回归的数据分析中添加的变量,以改善对结果的预测并避免对回归系数的有偏估计。另参见因变量、自变量。

convenience sample　　便利样本

为方便研究人员选择案例的一种非概率样本。另参见概率样本、随机样本。

d

参见效应量。

data　　数据

在数据收集过程中产生的证据记录。另参见测量。

data analysis　　数据分析

对一项研究中获得的数据的解释,以得出研究的结果。另参见定性数据分析、定量数据分析。

data collection　　**数据收集**

识别和选择一个或多个测量对象，从这些对象中提取相关变量特征值的证据，并记录这些证据的过程。另参见测量对象。

dataset　　**数据集**

从数据收集中获得的数据的集合。

dependent concept　　**因变量概念**

一个命题的焦点单位的一个变量 Y，其值（或其变化）是另一个变量 X（自变量概念）的值（或其变化）的结果。另参见自变量概念。

dependent variable　　**因变量**

一个假设中的焦点单位的一个变量 Y，其值（或其变化）是另一个变量 X（自变量）的值（或其变化）的结果。另参见自变量。

deterministic view　　**确定性视角**

研究人员的一种立场，认为只有在没有任何例外的情况下，一个条件才能被称为结果的"必要条件"。另参见概率视角。

dichotomous necessary condition　　**二分必要条件**

一种条件和结果的取值只能有两个水平（值）的必要条件。另参见连续必要条件、离散必要条件。

discrete necessary condition　　**离散必要条件**

一种条件和结果的取值有有限数量的水平（值）的必要条件。另参见连续必要条件、二分必要条件。

domain　　**域**

另参见理论域。

effect size　　**效应量**

一个必要条件对结果所构成的约束的大小，表示为上限区域相对于范围的大小。

effect size threshold　　效应量阈值

研究者为评估必要条件假设而选择的 d 值。另参见统计学显著性阈值。

empirical scope　　经验范围

由经验观察到的条件和结果的最小值和最大值所定义的列联表或散点图的面积。另参见理论范围。

expected pattern　　期望模式

假设预测的分数或分数的组合。另参见观察模式、模式匹配。

experiment　　实验

一种操纵自变量，测量因变量的研究策略。另参见案例研究、调查。

falsification　　证伪

理论和假设不能被证明为真、只能被证明为假的观点。

fit　　拟合

所选上限线的效应量占 CE-FDH 上限线效应量的百分比。

focal unit　　焦点单位

理论、命题或假设的稳定性特征。例如，"雇员""团队""公司""国家"。另参见理论域。

generalisation　　归纳

关于某一特定研究的研究结果的陈述，也适用于更广泛的理论域。另参见分析归纳、统计归纳。

hypothesis　　假设

关于变量之间关系的理论陈述。另参见必要条件假设、命题。

independent concept　　自变量概念

一个命题的焦点单位的一个变量 X，其值（或其变化）允许或导致另一个变量 Y（因变量概念）的值（或其变化）。另参见因变量概念。

independent variable　　自变量

一个假设中的焦点单位的一个变量 X，其值（或其变化）允许或导致另一个变量 Y（自变量）的值（或其变化）。另参见因变量。

influential case　　有影响的案例

一种被去除时对必要性效应量有很大影响的案例。另参见异常值。

informant　　受访者

一个人作为一个变量的测量对象，他了解该变量并告知研究人员。另参见主体。

instance of a focal unit　　焦点单位的实例

焦点单位的一个出现。

large N study　　大样本研究

有大量案例的研究。N 为案例数。另参见小样本研究。

Likert scale　　李克特量表

一种用限定的分数来表示一个人的回答的评分表。另参见被调查者、主体。

logic　　逻辑

参见可加性逻辑、二元逻辑、因果逻辑、条件逻辑、必要性逻辑、充分性逻辑。

measurement　　测量

为数据分析生成分数的过程。另参见数据、测量信度、测量效度。

measurement reliability　　测量信度

分数的精确程度。另参见测量效度。

measurement validity　　测量效度

数据收集和评分的程序在多大程度上可以被认为是有意义地捕捉包含在变量测量概念中的想法。另参见测量信度。

mediator　　中介

在一个命题或假设中连接自变量(自变量概念)和因变量(因变量概念)的一个概念或变量。

moderator　　调节

用来限定命题或假设中自变量(自变量概念)和因变量(因变量概念)之间的关系的一个概念或变量。

multiple bivariate analysis　　多重双变量分析

一系列双变量分析。

multiple regression　　多元回归

一种对几个自变量和一个因变量之间的关系进行建模和分析的技术,以了解当自变量变化时,一个因变量如何平均地变化。另参见OLS回归。

NCA parameters　　NCA参数

评估必要条件的一组参数。另参见绝对无效率、上限精确度、上限线、上限区域、条件无效率、效应量、拟合、结果无效率、相对无效率、范围。

necessary cause　　必要前因

另参见必要条件。

necessary condition　　必要条件

当结果存在,前因一定存在。另参见充分条件。

necessary condition analysis(NCA)　必要条件分析

一种建模和分析概念之间必要性关系的方法和技术。

necessary condition hypothesis　必要条件假设

关于变量之间必要性关系的理论陈述。

necessary condition in degree　程度式必要条件

必要条件被定量地表述为"水平 Xc 对于水平 Yc 是必要的"。另参见类别式必要条件。

necessary condition in kind　类别式必要条件

必要条件被定性地表述为 X 对于 Y 是必要的。另参见程度式必要条件。

necessity logic　必要性逻辑

一种前因是必要条件的因果逻辑。另参见充分性逻辑。

necessity relation　必要性关系

一种前因是必要条件的因果关系。另参见充分性关系。

object of measurement　测量对象

为了提取变量(数据)值的证据,必须观察的对象。

observational study　观察研究

一种研究人员不会操纵现实生活中的变量的研究策略。另参见案例研究、调查。

observed pattern　观察模式

在一项研究中得到的分数或分数的组合。在数据分析中,将观察到的模式与期望的模式进行比较(匹配)。另参见期望模式、模式匹配。

OLS regression　OLS 回归

一种对一个或几个自变量和一个因变量之间的关系进行建模和分

析的技术,以了解当自变量变化时,一个因变量如何平均地变化。基于普通最小二乘估计技术,案例与回归线之间的垂直距离的平方是最小的。另参见多元回归。

omitted variable bias   遗漏变量偏差

从统计分析的概念模型中忽略某个变量时所产生的估计误差。

outcome   结果

焦点单位的变量 Y,其值(或其变化)是另一个变量 X(条件)的值(或其变化)的结果。另参见条件、因变量、因变量。

outcome inefficiency   结果无效率

结果不受条件约束的范围。另参见绝对无效率、条件无效率、相对无效率。

outlier   异常值

异常值是散点图或列联表中被认为与其他点(案例)相距很远的点(案例)。另参见有影响力的案例。

pattern   模式

参见期望模式、观察模式。

pattern matching   模式匹配

比较两个或多个模式,以确定模式是否匹配(即它们是相同的)或不匹配(即它们不同)。数据分析中的模式匹配是将观察到的模式与期望的模式进行比较。

peer   节点

用来绘制上限线的案例。

permutation test   置换检验

一种统计检验,通过重新排列案例的标签计算所有可能的效应量值来获得在零假设下的效应量分布,从而产生精确的 p 值。另参见近似置换检验。

probabilistic view　概率视角

研究人员的一种立场,认为当有一些例外案例时,一种条件也可以被称为结果的必要条件。

population　总体

由一个或少量标准定义的焦点单位的实例集。

probability sample　概率样本

一个样本,其中抽样框中的每个案例被选入样本的概率都是已知非零的。另参见便利样本、随机样本。

proposition　命题

关于概念之间关系的理论陈述。另参见假设。

***p* value　p 值**

当变量不相关的零假设为真时,效应量大于或等于观察到的效应量的概率。

***p* value accuracy　p 值精确度**

效应量的实际 p 值与效应量的估计 p 值之间的估计差值。另参见近似置换检验、置换检验。

qualitative comparative analysis(QCA)　定性比较分析

一种利用集合论和二元逻辑对概念和概念组合之间的关系进行建模和分析的方法与技术。

qualitative data　定性数据

用单词或字母表示的分数。另参见定量数据。

qualitative data analysis　定性数据分析

通过目视检查来识别和评估在研究中获得的分数的模式。另参见模式匹配、定量数据分析、目视检查。

quantitative data　　定量数据

用数字表示的分数。另参见定性数据。

quantitative data analysis　　定量数据分析

生成和评估应用于研究中获得的分数的统计程序的输出。另参见模式匹配、定性数据分析。

random sample　　随机样本

一种概率样本，其中抽样框中的每个案例被选择到该样本中的概率相同。另参见便利样本、概率样本。

rating　　评价

人员将值赋给研究对象的一种方法。另参见被调查者、主体。

regression　　回归

参见多元回归、OLS 回归。

rejection　　拒绝

如果观察到的模式与假设的期望模式不一致，那么假设被拒绝。另参可参见预期模式、观察模式、模式匹配。

relative inefficiency　　相对无效率

必要条件不约束结果和结果不受必要条件约束的范围，用占范围的百分比表示。另参见绝对无效率、条件无效率、结果无效率。

replication　　复制

在另一个案例中，或在焦点单位的另一组或群体实例中，对一种假设进行检验。

research design　　研究设计

参见研究策略。

research strategy　　研究策略

用于选择或生成一个或多个焦点单位实例的程序类别。另参见案例研究、实验、调查。

sample　　样本

从总体或理论域中选择的一组实例。另参见便利样本、概率样本、随机样本。

sampling　　抽样

从总体或理论域中选择实例。另参见样本、抽样框。

sampling frame　　抽样框

总体的所有实例组成的列表。另参见总体、概率抽样。

scatter plot　　散点图

在两个轴上用点表示条件和结果之间关系的图形表示。另参见列联表。

scope　　范围

由条件和结果的最小值和最大值定义的列联表或散点图的面积。另参见经验范围、理论范围。

score　　分数

根据数据分配给变量的值。

significance　　显著性

参见统计显著性、实质显著性。

small N study　　小样本研究

有一个或几个案例的研究。N 为案例数。另参见大样本研究。

statistical generalisation　　统计归纳

从总体样本中获得的研究结果也适用于抽取样本的总体的陈述。

另参见分析归纳。

statistical significance   统计显著性

从统计学角度分析效应量的意义。另参见 p 值、实质显著性。

statistical significance threshold   统计显著性阈值

研究者为评估必要条件假设而选择的 p 值。另参见效应量阈值。

study   研究

制定并实现研究目标的一种研究项目。

subject   主体

作为测量对象的人以及作为理论焦点单位的实例。另参见受访者。

substantive significance   实质显著性

从实践角度探讨效应量的意义。另参见统计显著性。

sufficiency logic   充分性逻辑

一种前因是充分条件的因果逻辑。另参见必要性逻辑。

sufficiency relation   充分性关系

一种前因是充分条件的因果关系。另参见必要性关系。

sufficient cause   充分前因

参见充分条件。

sufficient condition   充分条件

当前因存在时,结果一定存在。另参必要条件。

survey   调查

一种研究策略,在一个大样本观察性研究中,选择焦点单位实例的单一总体。另参见案例研究,实验。

test   检验

测定一个假设在是在一个实例中被支持还是被拒绝,或者从理论域中选择的一个或一组实例中被支持或被拒绝。

theoretical domain　　理论域

理论、命题或假设被认为成立时，该理论、命题或假设的焦点单位的实例的普适性。

theoretical scope　　理论范围

由条件和结果在理论上可能的最大值和最小值所定义的列联表或散点图的面积。另参见经验范围。

theory　　理论

一组关于一个焦点单位的变量特征（概念）之间关系的命题，并描述为什么存在这种关系。

theory-in-use　　应用理论

一组关于现实的或多或少一致的信念。

variable　　变量

一个假设的焦点单位的可变方面。另参见概念、自变量、因变量。

visual inspection　　目视检查

通过查看分数或分数的图形表示来发现或比较模式的过程。另参见模式匹配、定性数据分析。

附录 1　NCA：从研究问题到假设

　　许多研究人员在研究初期时，对于他们的研究主题只有一个大致的想法。在附录 1 中，我首先给出了关于如何将一个研究主题转化为一个研究问题，然后将一个研究问题转化为一个或多个假设的建议。这些建议不仅适用于必要条件假设的表述（X 对 Y 来说是必要的），也适用于一般假设的表述（X 对 Y 有影响）。若你的最终目标是不仅要对学术知识有所贡献，也要对实践有所贡献，结果 Y 可能直接或间接地与实际相关的东西有关，不管是期望的还是不期望的结果。Y 可能是引发你选择绩效、创新、可持续性、健康、成功、失败、事故或疾病等研究课题的现象。X 是在实践中发生的事情，可以在实践中直接或间接地被管理、设计或改变，因此是一个可操控的因素。

　　在社会科学中，假设的形成与其说是一种方法论，不如说是一种"艺术"，但是对这些假设的实证检验是一种硬方法论（hard methodology）。当你试图通过一个研究问题从一个研究主题形成一个假设时，我给出了四条指南：

● 表述你的研究问题。

● 回答你的研究问题。

● 表述你的假设。
● 将你的假设嵌入理论。

A1.1 表述你的研究问题

如果你有一个研究主题，但还没有一个研究问题，我的第一个指南是选择以下研究问题的变体之一：

(1) 哪些因素影响 Y？
(2) X 会产生什么影响？
(3) X 对 Y 的影响是什么？

在第一个变体中，你对结果 Y 感兴趣（例如绩效），你想知道影响 Y 的因素 X。你的研究问题可能是"哪些因素影响 Y"，并不局限于影响 Y 的某个特定因素（Xs）。在第二种变体中，你对结果本身不感兴趣，而是对现实中或正在发生或即将发生的因素 X 感兴趣，并想知道它的影响。那么你的研究问题可能是"X 的影响是什么"，并不局限于其对 Y 的影响。在第三种变体中，你已经对 X 和 Y 有了一个概念，并想找出它们之间的联系。那么你的研究问题可能是"X 对 Y 的影响是什么"。

为了发展必要条件假设，我建议你在研究问题的表述中包含必要性逻辑。你可以使用专栏 2.1 中所示的任意表达来指出必要性逻辑。然而，使用"必要""必要性"或"必要条件"等词，就能与必要性逻辑建立最直接的联系。研究问题的上述三种变体可以按照必要性表述如下：

(1) 哪些因素对 Y 是必要的？

(2) X 对于什么是必要的？

(3) X 对于 Y 来说是必要的吗？

A1.2　回答你的研究问题

我的第二条指南是尝试回答你的研究问题。这似乎很奇怪，因为你想要做研究来回答这个问题。我的意思是，你可以通过"带有知识的猜测"来给出一个初步的答案。当你的研究问题还没有具体说明产生 Y 的因素（变体 1），或 X 的影响时（变体 2），这些因素或影响可以通过尝试回答问题而变得更清楚。你可以通过逻辑推理、阅读科学理论和关于实践的发表物、使用互联网（包括阅读博客）、与从业者交谈、运用你自己的个人想法等来猜测这些。通常情况下，为你的研究问题找到第一个推测性的答案是相对容易的。当你对 X 和 Y 以及它们之间的联系有了一些初步的指示之后，你应该大量阅读关于你的研究主题的科学理论文章（例如 25—50 篇）。这有利于更好地理解你的研究问题、选择相关因素 X 和结果 Y 以及为你的研究问题获得更好的潜在答案，从而使该问题具有学术上的合理性。给你的研究贴上"探索性"的标签，以作为在收集数据之前不做彻底的文献搜索的借口，是不可取的。因此，在你通过检验一个假设开始实证主义框架下的实证研究部分之前，你对你的研究问题的初步答案将基于科学文献和其他来源。

当你阅读文献时，你可能会发现研究一个或多个潜在原因（Xs）和结果（Ys）之间关系的文献。最有可能的是，这些关系被研究为"平均效应"，即基于相关分析、回归分析、结构方程模型和其他平均效应方法，分析这些因素对结果的平均贡献。这些研究结果对于确定重要的平均贡献因素很重要。这些贡献因素可能是结果的必要条件的好的候选。然而，也有可能重要的平均贡献因素不是必要的。此外，有可能一个对结果没有很大平均影响的因素对结果来说仍然是必要的。这可能是因为平均效应因果关系从根本上不同于必要性因果关系。因此，通过检查文献和其他来源，你可能能够确定潜在的必要条件。

可以快速检查一个潜在的必要条件是否真的是必要的。你可以提出这样的问题："我能否找到或想象缺乏潜在必要条件但结果存在的案例？"如果答案是否定的，那么就有很好的理由将该因素作为必要条件提出。如果答案是肯定的，你可以提出一个后续问题："这是一个特例或典型案例，是否因此不应该成为我预期的理论域的一部分？"如果答案是"否"，这个因素可能不是一个必要条件，你可能希望从潜在的必要条件列表中忽略它。基本上，你要做一个心理个案研究来检验一个必要条件。如果答案是"是"，你可以更精确地定义你的理论域，并将该因素作为潜在的必要条件。

A1.3　表述你的假设

我的第三条指南是明确地表述你的假设。现在这很简单，因为它可以基于你的研究问题的初步答案,在所有研究问题中的三个变体都是"X 是 Y 的必要条件"。这个答案等于假设。为了进一步说明这个假设,还应该说明假设的焦点单位和理论域(假设它成立的地方)。

必要条件假设的建议格式是"X 对于 Y 是必要的"。这意味着"X 的存在或高水平的 X 对于 Y 的存在或高水平的 Y 是必要的"。对于 X 或 Y(或两者),由于必要性关系的性质,"存在或高水平"必须被"缺乏或低水平"所取代(参见图 2.2 和图 2.5)。

A1.4 将你的假设嵌入理论

我的第四条指南是将你的假设嵌入理论。理论不仅仅是一组假设。假设是关于"是什么"的问题,"什么 X 导致什么 Y",或者"如何"的问题,"X 是如何引起 Y 的"(必要性)。理论还回答了潜在的"为什么"问题,"为什么 X 会导致 Y"。理论给出了逻辑参数 X 和 Y 之间的因果关系的本质。通过阅读文献,与学术同行和实践者讨论,以及通过逻辑推理,可以清楚为什么 X 的存在或高水平的 X 是 Y 的存在或高水平的 Y 的必要条件,或者为什么 X 的缺乏或低水平的 X 阻碍了 Y 的存在或高水平的 Y。你的必要性理论可以是使用使能词汇的使能理论,也可以是使用约束词汇的约束理论(参见专栏 2.1)。

附录 2 安装 R、RStudio、NCA R 并导入 数据集

A2.1 安装 R 和 RStudio

A2.1.1 R 是什么?

R 是一种开源编程语言,被越来越多地用于包括社会科学在内的不同科学领域的数据分析。它包含多种统计、数学和图形功能,这些功能也是商业统计软件(如 SPSS、Stata 和 SAS)的一部分。此外,R 可以运行特定的用户定义功能("包")。NCA 就是这样一个软件包。在使用 R 运行 NCA 时,只需要一些关于 R 的基本知识,本指南将只介绍这些知识。

A2.1.2 如何安装 R?

R 可以从 R 中心网站(参见下文)安装(下载)到你的电脑上。要安装此软件,你需要拥有计算机的管理权限。下载的 R 版本取决于

你的电脑系统：Windows 或 OS X(Mac)，还有一个 Linux 版本。

对于 Windows 用户：

- 登录 http://cran.r-project.org/bin/windows/base/。
- 下载"R x.y.z for Windows"，其中 x、y、z 是最新版本号。
- 打开下载的文件，按照说明操作(接受所有默认值)。

OS X(Mac)用户：

- 登录 http://cran.r-project.org/bin/macosx/。
- 下载适合你的 OS X 的正确版本。
- 打开下载的文件，按照说明操作(接受所有默认值)。

A2.2 如何安装 RStudio

此外，你可以安装 RStudio，这是一个用户友好的环境，你可以从这里使用 R。有 Windows、OS X 和 Linux 版本的 RStudio。

- 登录 https://www.rstudio.com/products/rstudio/download/。
- 选择 RStudio Desktop(开源许可)。
- 下载适合你的平台的 RStudio x.y.z 的安装程序(Windows、OS X 等)。
- 按照说明操作(接受所有默认值)。

A2.3　如何启动 RStudio

下载 R 和 RStudio 后，你可以通过 RStudio 开始使用 R。转到上一步中存储 RStudio 的程序文件中的 RStudio 文件夹。打开这个文件夹，然后单击 RStudio 可执行文件，将打开 RStudio 界面。

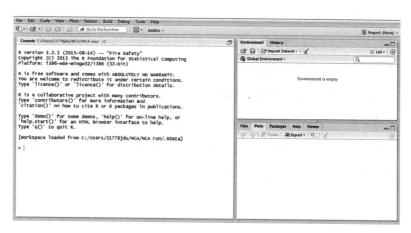

图 A2.1　用 RStudio 打开 R："控制台"窗口在左边

RStudio 打开了三个窗口。左边是一个叫做"控制台"的窗口。在这里你可以找到一些关于 R 的基本信息。如果你运行这些指令，控制台显示你给 R 的指令以及数值输出。虽然你可以在">"提示符之后输入指令，并通过输入<enter>运行它们，但我建议你打开另一个窗口输入指令。本书的说明书是用 Courier 字体输出的。对于某些指令，你还可以使用 RStudio 页面顶部的下拉菜单。菜单说明用"Times New Roman"字体输出，每个步骤之间用箭头"→"连接。一组指令被称为"脚本"(script)。通过下拉菜单打开脚本窗口,如下所示:File→New File→R Script。该窗口位于"控制台"窗口上方。在"脚本窗口"中输入指令允许你存储和复制你的脚本。R脚本是一个扩展名为".R"的文件,例如"Myscript.R"。你可以使用下拉菜单加载("源",source)存储在你的计算机上的一个现有脚本:File→Open File。通过单击脚本窗口中的"Run"按钮,可以逐行依次执行每条指令。你还可以选择多行指令,并一次运行这组指令。你可以在脚本窗口中编辑和添加指令,并通过使用File→Save(或使用"save"按钮)或File→Save As保存脚本。RStudio在"控制台"窗口中显示你运行的指令和数字输出。当你单击选项卡"Plots"时,图形输出将显示在右下窗口中。在此窗口中,"Help"选项卡显示计算机上安装的软件包的手册,包括NCA手册。该手册提供了NCA包的所有说明和选项的详细信息。"Files"选项卡显示计算机上的文件夹结构。关于RStudio的更多信息可以在网上找到。

A2.4 如何设置"工作目录"

"工作目录"是你的电脑上的一个文件夹,默认情况下R会搜索你的数据并存储输出文件。你可以通过在脚本窗口的行号后面输入getwd()来检查当前的工作目录,然后按下"Run"按钮:

getwd()

或者你可以改变工作目录:

setwd($"\cdots$\\MyWorkingDirectory$"$)

在这个例子中,工作目录名为"MyWorkingDirectory","..."是它的路径。你可以为工作目录文件夹使用任何名称。注意在 R 中目录树使用"\\"表示。或者使用正斜杠"/",但反斜杠"\"不可行。

你也可以使用 RStudio 右下窗口的"Files"选项卡来选择工作目录。在要选择作为工作目录的文件夹旁边打勾,选择"更多"("More"),然后选择设置为工作目录("Set as Working Directory")。每次启动 R 时,都需要在 R 中指定工作目录。

A2.5　安装 NCA R 包

A2.5.1　什么是 NCA R 包?

NCA 是 R 的免费软件包。该软件包自 2015 年以来一直可用,并定期更新: Necessary Condition Analysis. R Package。URL: http://cran.r-project.org/package=NCA。

如果你已经安装了 R 和 RStudio,你可以安装 NCA R 包。

A2.5.2　如何安装 NCA R 包

用 R 运行 R 的 NCA 包可在 Windows、OS X(Mac)和 Linux 系统中运行。对于 Windows,可以从 R3.0.1 版本安装(下载)用于 R 的

167

NCA 包。在脚本窗口中输入并运行：

```
install.packages(NCA)
```

选择方便安装的位置。这将安装软件包 NCA 和所有其他相关的 R 包（"dependencies"），并在你的计算机上使用。最新版本的 NCA 和其他已安装的软件包可以通过以下升级方式获取：

```
update.packages ()
```

A2.5.3 如何加载 NCA R 包

在你的电脑上安装（下载）NCA 包后，它必须在 R 中加载（激活）。每次启动 R 时必须加载 NCA。可运行下列指令：

```
library(NCA)
```

在运行此指令后，"控制台"窗口中将显示有关 NCA 的一些基本信息。如果你得到一个警告消息，NCA 包是在 R 的某个版本下构建的，并且当目前 R 版本较老时，强烈建议更新你的 R 包，否则一些 NCA 函数可能无法正常工作。更新 R 包的一个简单方法是安装 "installr"包。此时需要离开 RStudio，从 Rgui（启动 R 而不是启动 RStudio 后的"控制台"窗口）中更新 R，如下所示：

```
install.packages("installr")

library(installr)

updateR()
```

在安装过程中，你可以按"next""OK"和"Yes"。注意，这个过程，特别是文件的复制和软件包的更新，可能需要几分钟的时间。

A2.6　在 R 中导入数据集

A2.6.1　如何准备你的数据文件

你的数据可以存储为 Excel(.xlsx)文件,如图 4.1B 所示。行对应案例,除了第一行可以是带有变量名的标题行。列对应于变量,除了第一列可以是行名,即案例标识符。这与数据文件中通常使用的方法类似,例如 SPSS 数据文件。缺失数据最好是空的,尽管也可以使用"NA"(不适用)。像 999 这样的数字可能令人困惑。

你可以将.xlsx 文件保存为.csv 文件(逗号分隔值,comma-separated values)。根据计算机的区域和语言设置,Excel 程序将使用小数点或小数逗号,.csv 文件中的分隔符则为逗号或分号。我假设你会有小数点和逗号分隔符。你可以将.csv 文件存储在 R 会话的工作目录中。除了.csv 之外,还可以使用其他数据文件类型,例如 SPSS 数据(sav)、Stata 数据(dta)和 SAS 数据(xpt)。

A2.6.2　如何在 R 中加载数据

你可以在 R 中加载你的.csv 数据文件,并给它命名为"data",如下所示(如果它的第一行为标题行,并且在第一列有行名):

```
data<-read.csv("mydata.csv", row.names = 1)
```

如果你的文件使用十进制逗号而不是小数点,你可以尝试使用

read.csv2，而不是 read.csv。如果你的数据文件包含标题行，但没有行名，可以加载你的如下数据：

data<-read.csv("mydata.csv")

这些行将在屏幕上被从 1 到案例总数的数字标识。

如果你的数据集没有标题行（也没有行名），你可以输入：

data<-read.csv("mydata.csv", header = FALSE)

这些列将在屏幕上用从 1 到变量总数的数字标识。对于加载数据集，也可以使用 RStudio 右上方窗口中的"Import Dataset"选项卡。如果你的数据文件是 SPSS、SAS 或 Stata 文件，我建议你安装 install.packages("haven")中的 Haven 包，并使用 library(haven) 加载它。然后可以对.sav 文件使用 read_spss()加载。对 sas7bdat 和 sas7bcat 文件，使用 read_sas()加载。对.dta 文件，使用 read_dta ()加载。

为了检查数据，可以在"控制台"窗口中输入指令"head"或"tail" 和数据名称来显示数据集的前六行或后六行：

head(data)

tail(data)

想获得数据的总结（最小值和最大值等）可以输入：

summary(data)

在安装了 R 和 RStudio，安装并加载了 NCA 包，并加载了数据 之后，可以进行必要条件分析（参见第 4 章）。

附录 3 NCA 研究写作

在这个附录中,我给出了关于如何报告 NCA 研究的建议。我假设 NCA 是你的主要逻辑和方法论,你将基于这个逻辑和方法论来叙述。在我的指南中,我将重点放在报告 NCA 独特的部分。这些指南不应被认为是严格的规则。如何写一份研究报告取决于个人偏好,以及导师、审稿人、编辑、出版商等的偏好。任何研究发表的四个核心部分是:引言、方法、结果、讨论。每个部分都有特定的 NCA 元素,如专栏 A3.1 所示,下面也将讨论这些元素。

专栏 A3.1 报告一个 NCA 研究的 NCA 独特部分

引言

- 引入必要性逻辑在这一研究领域的贡献

- 必要条件假设

方法

- 数据

  —研究策略

  —案件选择/抽样

（续表）

　　　　—测量

- 数据分析

　　—列联表方法

　　　—判断假设的标准

　　—散点图方法

　　　—选择上限线的说明

　　　—效应量(d)阈值的说明

　　　—统计显著性(p)阈值的说明

结果

- 列联表或散点图

- NCA 参数

- 效应量评估

　　—实质显著性

　　—统计显著性

- 假设检验的结果

- 瓶颈表的展示

讨论

- 理论贡献

- 实际贡献

- 方法论贡献

- 局限

- 未来研究方向

A3.1　引言

在引言部分,你可以解释你的研究贡献,它可以是理论的、实践的、方法论层面的,或它们的结合。应用 NCA 的理论贡献在于用必要性因果逻辑来研究感兴趣的现象。到目前为止,对这一现象的研究可能只是或主要是从充分性因果关系和可加性逻辑的角度进行的:这些因素平均上有助于产生结果,并且可以互补。现有研究的一个共同目标是了解几个单一因素的相对影响,以及它们如何一起对结果产生影响。NCA 研究的理论贡献是,现在从一个新的角度来研究这一现象:当某一特定水平出现时,单个因素能够导致某一结果;当某一水平缺乏时,单个因素会阻碍该结果。因此,你的研究是关于单一因素的必要性,而不是这个因素如何平均地帮助产生结果。你选择必要性逻辑的理由可以得到文献中必要性陈述的例子的支持,这些例子与专栏 2.2 中的例子类似。"必要但不充分"等短语在文献中经常使用,这些短语可能暗示了必要性逻辑。此外,带有"必需的""先决条件的"和"关键的"等词的短语(参见专栏 2.1)可能暗示了必要性。这表明你的研究领域中可能存在必要性逻辑,但相关的必要性理论和假设尚未得到明确表述,也未经过检验。那么你的贡献就是明确地提出必要条件假设并用 NCA 来检验。因为传统的数据分析方法关注的是平均效应,它们不能评估必要性。这就是为什么你的研究使用 NCA,这是专门为必要性分析开发的。你还可以强调,你打算通过应用必要性逻辑和 NCA 来作出实际贡献,因为这可以提供实际有用的结果。在几乎所有案例中,必要的单一因素必须达到一定水平,否则结果将不会发生。你可以进一步说明你在方法论上作出了贡献,因为你正在将一种新的方法论应用到现有的研究领域。你是第一个在你的研究领域使用 NCA 的研究者也并非不可能。

在引言或单独的理论或假设部分,你可以阐明被检验的必要条件假设。你可以给出理论论证,说明为什么你认为这个假设成立,并引用文献进行说明。你可以关注特定的条件(Xs)和特定的结果(Ys),并解释为什么你认为它们之间存在必然关系,例如通过建立其他研究人员用来证明 X 对 Y 有平均效应的论点。你可以强调,你有一个只包含几个变量的简约模型,这是可能的,因为你所研究的因素是必要的,而不是充分的。你并没有试图研究潜在的必要因素是否也会平均地影响结果。需要强调的是,必要条件模型可以是简单的,因为必要条件与因果结构的其余部分是分开的。这导致了一个或多个必要条件假设的形成,倾向是类别式必要条件,"X 对 Y 来说是必要的"作为一个定性假设是常见的。

A3.2　方法

在"方法"部分,你可以描述你是如何使用 NCA 的。你需要提供一定程度的细节,以便其他研究人员复制你的分析。特别是,你必须描述数据来源以及它们是如何用 NCA 分析的细节。关于数据,你需要解释你的研究策略,来展示你是如何得到你现有的或新的数据集。

这种研究策略可以是实验,也可以是案例研究或调查研究这两种观察性研究中的一种。你还需要描述案例选择或理论域的抽样。关于抽样,你必须指定总体,并首选的是选择一个随机样本,或常见的是选择一个便利样本。此外,你将需要指定测量方法,包括你如何收集数据,例如访谈、观察、问卷、客观的数据收集,以及使用了什么方法和程序来获得数据集中的最终分数。这些方法论部分通常不是NCA 特有的,但是有两个例外情况。首先,当你做了一个实验,你必须解释必要性实验是如何工作的,因为这是大多数读者所不知道的。操控包括拿走或减少必要条件。其次,当你在结果出现在小样本研究中的案例间使用目的性抽样时,你必须解释为什么这样的目的性抽样对于必要性逻辑来说是可能的,即你试图在结果存在的案例中证伪必要条件。你应该描述你对"结果存在"的标准是什么,并解释为什么你选择了结果存在的特定案例。

数据分析是 NCA 方法论的核心,你应该详细描述你所使用的方法。当你对少量案例(例如小于 20)使用列联表方法,并且 X 和 Y 是二分变量时,你可以解释,即使在预期的空白单元格中出现单个案例,你也拒绝该假设。当你有大量案例时,例如在图 2.3 中 GRE 的例子,你可能希望在预期的空白单元格中允许少量异常,并声明该条件"几乎总是"或"实际上"是必要的,因此采用必要性的概率观点。当 X 和 Y 是二分变量时,感兴趣的空白空间总是存在一个效应:一个单元格为空,效应量为 1。当 X 或 Y 是离散的,效应量可以在 0 和 1 之间变化,取决于空白单元格数和单元格总数的比例(参见第 4 章中的等式 1)。然后,你可能还希望根据效应量是否大于给定的阈值 d 值来判断必要条件假设。常见的阈值是 0.1。

当你使用散点图方法和 NCA 软件时,你首先需要证明你使用的上限线。在大多数应用中,上限包络线—自由处置式(CE—FDH)用于处理几个水平的离散数据(例如多达五个水平),或者当上限线周围的数据是不规则时使用。上限回归线—自由处置式(CR—FDH)用于连续或实际上连续的数据,或假设总体中存在线性上限线。当很难作出选择时,你可以同时使用这两种并比较结果,检查结果的稳健性。其次,你将需要指定如何评估效应量的实质和统计显著性。你将需要通过使用阈值 d 值(例如,常用阈值为 0.1)来对实质性意义作出决定,并通过使用阈值 p 值来对统计显著性作出决定。常见的显著性阈值水平是 0.05,但你可以决定使用更严格的水平(例如 0.01 或 0.005),以避免在重要时出现误报。对于统计显著性检验,你应该指定为估计 p 值而选择的置换数。当计算时间允许时,为了获得 p 值精确度(p-accuracy)的估计,建议你使用至少 10 000 个重抽样本进行分析。

A3.3   结果

在"结果"部分,你首先可以分别报告每个假设的 XY 列联表或 XY 散点图。描述你是否在预期的角落观察到一个空白空间,然后反思可能的异常值。明显由测量误差或样本误差引起的异常值应该被删除。然而,研究人员应该不愿意因为其他原因删除异常值。应该始终对删除异常值进行论证和报告。

如果你观察到一个空白空间,报告 NCA 参数,包括效应量,然后可以报告效应量(d)的实质意义。你认为效应量重要吗?为什么?你可以使用通用基准来对效应的大小进行分类。一般基准认为 $0 < d < 0.1$ 的效应量为"小效应",$0.1 \leqslant d < 0.3$ 的效应量为"中等效应",$0.3 \leqslant d < 0.5$ 的效应量为"大效应",$d \geqslant 0.5$ 的效应量为"非常大的效应"。对效应量(p 值)的统计评估可以帮助你评估效应量是否由不相关变量的随机效应引起。你可以在报告的效应量之后的括号中报告 p 值。在这些效应量评估之后,你可以对假设作出决定。你的假设检验的结果是基于实质性和统计显著性的结合。如果你想作出拒绝/支持的二分决定,你可以应用你在"方法"部分中报告的标准,因此,如果效应量阈值或统计显著性阈值不满足,或两者都不满足,假设将被拒绝。例如,当 d 值太小(如小于 0.1)而 p 值太大(如大于 0.05)时,你可以声称你的假设被数据拒绝了。对于一个大的 d 值和一个小的 p 值,你可能想声称你的假设已经被你的数据支持。当观察到的 p 值小于选择的阈值时,你将得到一个指示,即随机偶然不能解释数据,而是存在另一种解释,可能包括你的假设。你的假设总有可能是不正确的,因为效应量有可能是随机偶然产生的结果,或者你的假设中描述的另一个现象解释了效应量。同样,当观察到的 p 值大于选择的阈值时,你可能已经发现了一个随机效应,尽管你的假设仍然可能是真的。你可以寻求进行复制研究,以对你的结论获得更多的信心。

你可以通过呈现瓶颈表来形成一个程度式必要条件。这允许你报告需要什么水平的 X 对于什么水平的 Y 是必要的。对于多个潜在的必要条件,你可以为给定水平的期望结果指定哪些条件以及哪些水平是必要的。你可以强调对于某些水平的结果，任何条件都不是必要的，而对于其他水平的结果，则需要更多条件。因此，你还可以确定给定水平的结果所必需的条件组合。

A3.4 讨论

"讨论"部分可以从总结必要性逻辑和方法在你的特定研究领域的价值和主要结果开始。接下来，你必须思考这些结果和你为实现这些结果所使用的 NCA 方法论。你需要讨论你的理论贡献、实践贡献、方法论贡献、研究的局限性和未来研究的可能性。

关于该研究的理论贡献的讨论涉及对假设检验的结果的解释，特别是，结果不同于预期，因此拒绝假设，但不是由抽样或测量误差引起的，可以引起有趣的理论反思，例如：为什么这个条件是不必要的？是否该条件仅在选择案例的域中是不必要的，但在理论域的其他域中可能仍然是必要的？这种情况是否可以通过其他因素来补偿？是否存在包含预期必要条件和这些补偿因素的高阶条件？关于理论贡献的讨论可以参考"引言"部分中的理论期望，在那里提出了假设。

在有关这些结果的实际贡献的讨论中——当未来的研究将证实这些结论时——可以区分被拒绝的假设和得到支持的假设。拒绝可能意味着被认为是必要的条件并非达到期望结果所必要的。平均而言，这个因素可能会对结果产生影响，但认为它是结果的必要条件可能言过其实了。该因素的缺乏可以由其他因素来弥补。另一方面，在几乎所有情况下都必须有一个得到支持的必要条件，才能使结果存在。当这种必要条件的水平太低时，期望结果是不可能存在的。那么，对其他因素（如促成因素）采取行动来增加结果就没有意义了。这将不会有效，除非瓶颈——由于缺乏必要条件的适当水平——首先通过提高其水平而被消除。

在对研究方法论贡献的讨论中，你可以参考必要性因果逻辑和NCA 的使用。你可能是你所在领域中第一个使用该方法的人，并且可以参考其他已经成功使用该方法的领域。你可以强调你在研究中经历过的方法的优点和缺点。在使用 NCA 时，你也可以对其改进和如何在研究中使用它提出建议。此外，你还可以建议该方法可以应用的研究主题。

虽然在很多发表的研究中只讨论了一些明显的局限性，但对研究局限性的反思也是研究的重要部分。研究人员可能不愿意自我批评他们的研究。然而，所有的研究都有其局限性，你研究的具体局限必须向读者明确。指出局限性是研究质量的标志而不是弱点。这些局限对于 NCA 来说并不是独特的，并且涉及研究者在"理想"不可能实现时的几乎所有的方法论选择。这尤其适用于"数据"阶段。当研究策略的黄金标准，即实验，无法实现时，研究者应该给出为什么这是不可能的理由，以及选择一个案例研究或调查来解释结果的后果是什么，例如关于因果解释的有限可能性。在不可能采用黄金标准的情况下，案例选择/抽样也是如此。例如，样本可能缺乏代表性，因为没有获得概率抽样，或因为较大的未响应误差。这里想说明从样本到总体的统计概括可能是有偏差的。许多测量方法也有局限性，特别是测量效度(即你能真正测量你想测量的东西的程度)和测量信度(即重复测量时得到相同结果的程度)也可能是有限的。使用其他研究者在以前的研究中使用的测量工具,例如问卷量表,并不是良好测量的保证,因为以前使用和发表的工具可能有效度和信度的局限,即使这些文献没有讨论过。

"讨论"部分进一步包括了对未来研究的建议。对其理论贡献和局限性的讨论为今后的研究提供了思路。从定义上来说,拒绝假设是一个令人惊讶的结果,可能会引发新的假设,这些新的假设可以在其他研究人员进行的后续研究中进行检验。对一个假设的拒绝和确认之后,还需要在理论域的同一部分或其他部分进行更多的研究,因此复制研究总是需要的。研究方法论中较薄弱的部分应该引发如何建立未来研究的建议。此外,你可能已经在你的数据中发现了你没有预想到的、可以从理论上证明的潜在必要性关系。这些可以在未来的研究中进行检验。

参考文献

Albuquerque de Sousa, J.A., Beck, T., Bergeijk, P.A.G. van and Dijk, M.A. van (2016) 'Success and failure of nascent stock markets' (working paper). Available at https://papers.ssrn.com/sol3/papers.cfm?abstract_id=2870392

Arenius, P., Engel, Y. and Klyver, K. (2017) No particular action needed? A necessary condition analysis of gestation activities and firm emergence, *Journal of Business Venturing Insights*, *8*: 87-92.

Bakker, N. (2011) 'Necessary Conditional Hypotheses Building and Occupational Safety in Dutch Warehouses', Master's thesis, Rotterdam School of Management, Erasmus University, Netherlands. Available at https://thesis.eur.nl/pub/25725/

Baruch, Y. and Holtom, B.C. (2008) Survey response rate levels and trends in organizational research, *Human Relations*, *61*(8): 1139-60.

Braumoeller, B. and Goertz, G. (2000) The methodology of necessary conditions, *American Journal of Political Science*, *44*: 844-58.

Breet, S., Jansen, J., Dul, J. and Glaser, L. (2018) 'Is Brokerage Necessary for Innovative Performance? A Necessary Condition Analysis'. Paper presented at the Sunbelt Conference, June 26-July 1, Utrecht, Netherlands.

Celo, S. and Chacar, A. (2015) International coherence and MNE performance, *Journal of International Business Studies*, *46*(5): 620-28.

DeNeve, K.M. and Cooper, H. (1998) The happy personality: a meta-analysis of 137 personality traits and subjective well-being, *Psychological Bulletin*, *124*(2): 197.

De Vries, J., Koster, R. de, Rijsdijk, S. and Roy, D. (2017) Determinants of safe and productive truck driving: empirical evidence from long-haul cargo transport, *Transportation Research Part E: Logistics and Transportation Review*, *97*(1): 113-31.

De Winne, S. and Sels, L. (2010) Interrelationships between human capital, HRM and innovation in Belgian start-ups aiming at an innovation strategy, *International Journal of Human Resource Management*, *21*(11): 1863-83.

Dion, D. (1998) Evidence and inference in the comparative case study, *Comparative Politics*, *30*: 127-45.

Dul, J. (2016a) Necessary Condition Analysis (NCA): logic and methodology of 'necessary but not sufficient' causality, *Organizational Research Methods*, *19*(1): 10-52.

Dul, J. (2016b) Identifying single necessary conditions with NCA and fsQCA. *Journal of Business Research*, *69*(4), 1516-23.

Dul, J. (2018) Necessary Condition Analysis (NCA) with R (Version 3.0.1): a quick start guide, *Organizational Research Methods* 19(1), 10-52. Available at https://ssrn.com/abstract=2624981 or http://repub.eur.nl/pub/78323/

Dul, J. and Buijs, G. (2015) NCA 1.0. Available at https://cran.r-project.org/src/contrib/Archive/NCA/

Dul, J. and Hak, T. (2008) *Case Study Methodology in Business Research*. Oxford, UK: Butterworth Heinemann.

Dul, J., Hak, T., Goertz, G. and Voss, C. (2010) Necessary condition hypotheses in operations management, *International Journal of Operations & Production Management*, *30*: 1170-90.

Dul, J., Laan, E. van der and Kuik, R. (forthcoming) A statistical significance test for Necessary Condition Analysis, *Organizational Research Methods*.

Eisenhardt, K.M. and Martin, J.A. (2000) Dynamic capabilities: what are they? *Strategic Management Journal*, *21*(10-11): 1105-21.

Evanschitzky, H., Eisend, M., Calantone, R.J. and Jiang, Y. (2012) Success factors of product innovation: an updated meta-analysis, *Journal of Product Innovation Management*, *29* (Supplement S1): 21-37.

Ferrari, F. (2016) 'Necessary Conditions for New Ventures' Positive Performances', Master's thesis, Rotterdam School of Management, Erasmus University, Netherlands. Available at https://thesis.eur.nl/pub/35790

Finney, S. and Corbett, M. (2007) ERP implementation: a compilation and analysis of critical success factors, *Process Management Journal*, *13*(3): 329-47.

Fisher, R.A. (1925) *Statistical Methods for Research Workers*. Edinburgh, UK: Oliver and Boyd.

Fredrich, V., Bouncken, R.B. and Kraus, S. (2019) The race is on: configurations of absorptive capacity, interdependence and slack resources for interorganizational learning in coopetition alliances, *Journal of Business Research*, *101*: 862-868.

Galton, F. (1886) Anthropological Miscellanea: 'Regression towards mediocrity in hereditary stature', *Journal of the Anthropological Institute of Great Britain and Ireland*, *15*: 246-63.

Gans, J. and Stern, S. (2003) *Assessing Australia's Innovative Capacity in the 21st Century*. Melbourne, Australia: Intellectual Property Research Institute of Australia, University of Melbourne.

Goertz, G. (2003) 'Necessary Condition Hypotheses: A Database', in G. Goertz and H. Starr (eds), *Necessary Conditions: Theory, Methodology, and Applications* (pp. 76-94). Oxford: Rowman & Littlefield.

Goertz, G., Hak, T. and Dul, J. (2013) Ceilings and floors: where are there no observations?, *Sociological Methods & Research, 42*(1): 3-40.

Goertz, G. and Starr, H. (eds) (2003) *Necessary Conditions: Theory, Methodology, and Applications.* New York: Rowman & Littlefield.

Groshal, S. (2005) Bad management theories are destroying good management practices, *Academy of Management Learning and Education, 4*(1): 75-91.

Guiking, S. (2009) 'Necessary Conditions for Maintaining Physical Activity Interventions', Master's thesis, Rotterdam School of Management, Erasmus University, Netherlands.

Guilford, J.P. (1967) *The Nature of Human Intelligence.* New York: McGraw-Hill. Available at https://thesis.eur.nl/pub/24877/

Hauff, S., Guerci, M., Dul, J. and van Rhee, H. (2017) 'Is High Performance Without High Performance Work Practices Possible? A Necessary Condition Analysis', 10th Biennial International Conference Dutch HRM Network.

Helwig, L. (2014) 'Critical Success Factors for Information System Success Within the Empty Container Positioning Process', Master's thesis, Rotterdam School of Management, Erasmus University, Netherlands. Available at https://thesis.eur.nl/pub/23359/

Herzberg, F. (1968) One more time: how do you motivate employees?, *Harvard Business Review*, January-February: 53-62.

Hill, S.A. and Birkinshaw, J. (2014) Ambidexterity and survival in corporate venture units, *Journal of Management, 40*(7): 1899-1931.

Hofstede, G. (1980) *Culture's Consequences: International Differences in Work-related Values.* Beverly Hills, CA: Sage Publications.

Hume, D. (1777) *An Enquiry Concerning Human Understanding.* London.

Huntington, S.P. (1993) The clash of civilizations?, *Foreign Affairs*, 22-49.

Huselid, M.A. and Becker, B.E. (2010) Bridging micro and macro domains: workforce differentiation and strategic human resource management, *Journal of Management, 37*(2): 421-28.

International Institute of Business Analysis (2009) *A Guide to the Business Analysis Body of Knowledge (BABOK Guide)*, Version 2.0, International Institute of Business Analysis.

Karwowski, M., Dul, J., Gralewski, J., Jauk, E., Jankowska, D.M., Gajda, A., Chruszczewski, M.H. and Benedek, M. (2016) Is creativity without intelligence possible? A Necessary Condition Analysis, *Intelligence, 57*: 105-17.

Karwowski, M., Kaufman, J.C., Lebuda, I., Szumski, G. and Firkowska-Mankiewicz, A. (2017) Intelligence in childhood and creative achievements in middle-age: the necessary condition approach, *Intelligence, 64*: 36-44.

Knol, W.H., Slomp, J., Schouteten, R.L.J. and Lauche, K. (2018) Implementing lean practices in manufacturing SMEs: testing 'critical success factors' using Necessary Condition Analysis, *International Journal of Production Research, 56*(11): 3955-73.

Kuipers, Z. (2016) 'The Effect of Capital Structure and Corporate Governance on Stock Liquidity', Master's thesis, Rotterdam School of Management, Erasmus University, Netherlands. Available at https://thesis.eur.nl/pub/35633.

Lam, S.K., Ahearne, M. and Schillewaert, N. (2012) A multinational examination of the symbolic-instrumental framework of consumer-brand identification, *Journal of International Business Studies*, *43*(3): 306-31.

Lasrado, L.A., Vatrapu, R. and Andersen, K.N. (2016) 'A Methodological Demonstration of Set-theoretical Approach to Social Media Maturity Models using Necessary Condition Analysis'. *Proceedings of the Pacific Asia Conference on Information Systems* (PACIS).

Lewin, K. (1943) Psychology and the process of group living, *Journal of Social Psychology*, *17*: 113-32.

Luther, L., Bonfils, K.A., Firmin, R.L., Buck, K.D, Choi, J., DiMaggio, G., Popolo, R., Minor, K.S. and Lysaker, P.H. (2017) Metacognition is necessary for the emergence of motivation in schizophrenia: a Necessary Condition Analysis, *Journal of Nervous and Mental Disease*, *205* (12): 960-66.

Mandel, D.R. and Lehman, D.R. (1998) Integration of contingency information in judgements of cause, covariation, and probability, *Journal of Experimental Psychology*, *127*(3): 269-85.

Martin, J.A. and Eisenhardt, K.M. (2010) Rewiring: cross-business-unit collaborations in multibusiness organizations, *Academy of Management Journal*, *53*(2): 265-301.

Meijer, T. (2014) 'Critical Success Factors of New Product Development in the Medical Industry', Master's thesis, Rotterdam School of Management, Erasmus University, Netherlands. Available at https://thesis.eur.nl/pub/24162

Minbaeva, D., Pedersen, T., Björkman, I., Fey, C.F. and Park, H.J. (2014) MNC knowledge transfer, subsidiary absorptive capacity and HRM, *Journal of International Business Studies*, *45*(1): 38-51.

Overschie, F. (2016) 'Software-based Platform Ecosystems: Relationship between Vertical Openness and Performance', Master's thesis, Rotterdam School of Management, Erasmus University, Netherlands. Available at https://thesis.eur.nl/pub/35017

Peng, M.W. and Luo, Y. (2000) Managerial ties and firm performance in a transition economy: the nature of a micro-macro link, *Academy of Management Journal*, *43*(3): 486-501.

Pepper, A., Gore, J. and Crossman, A. (2013) Are long-term incentive plans an effective and efficient way of motivating senior executives?, *Human Resource Management Journal*, *23*(1): 36-51.

Porter, M.E. (1990) The competitive advantage of nations, *Harvard Business Review*, March-April: 73-93.

Ragin, C.C. (1987) *The Comparative Method: Moving Beyond Qualitative and Quantitative Strategies*. Los Angeles: University of California Press.

Ragin, C.C. (2000) *Fuzzy-set Social Science*. Chicago: University of Chicago Press.

Ranjan, J. and Bhatnagar, V. (2008) Critical success factors for implementing CRM using data mining, *Journal of Knowledge Management Practice*, 9(3): 1-7.

Sarrucco, E.T.S. (2011) 'Critical Success Factors of Firms that Cooperate in Innovation', Master's thesis, Rotterdam School of Management, Erasmus University, Netherlands. Available at https://thesis.eur.nl/pub/25209

Shi, B., Wang, L., Yang, J., Zhang, M. and Xu, L. (2017) Relationship between divergent thinking and intelligence: an empirical study of the Threshold Hypothesis with Chinese children, *Frontiers in Psychology*, 8: 254.

Skarmeas, D. and Leonidou, C.N. (2013) When consumers doubt, watch out! The role of CSR scepticism, *Journal of Business Research*, 66(10): 1831-38.

Skarmeas, D., Leonidou, C.N. and Saridakis, C. (2014) Examining the role of CSR skepticism using fuzzy-set qualitative comparative analysis, *Journal of Business Research*, 67(9): 1796-1805.

Smits, J. (2018) 'The Necessary Conditions for Entrepreneurial Behaviour by Middle Management', Master's thesis, Rotterdam School of Management, Erasmus University, Netherlands.

Swart, J. and Kinnie, N. (2010) Organisational learning, knowledge assets and HR practices in professional service firms, *Human Resource Management Journal*, 20(1): 64-79.

Thieule, P. (2018) 'The Role of Organizational Factors in the Pursuit of Exploratory Innovation Across Business Units: A Necessary Condition Analysis', Master's thesis, Rotterdam School of Management, Erasmus University, Netherlands.

Tho, N.D. (2018) Firm capabilities and performance: a necessary condition analysis, *Journal of Management Development*, 37(4): 322-32.

Treadway, D.C., Breland, J.W., Williams, L.M., Cho, J., Yang, J. and Ferris, G.R. (2013) Social influence and interpersonal power in organizations: roles of performance and political skill in two studies, *Journal of Management*, 39(6): 1529-53.

Tulkens, H. (1993) On FDH efficiency analysis: some methodological issues and applications to retail banking, courts, and urban transit, *Journal of Productivity Analysis*, 4(1): 183-210.

Vaisey, S. (2009) QCA 3.0: The "Ragin Revolution" continues, *Contemporary Sociology*, 38(4): 308-12.

Van Dalen, J.W. (2014) 'Explaining Employee Satisfaction with the Headquarter-Subsidiary Relationship', Master's thesis, Rotterdam School of Management, Erasmus University, Netherlands. Available at https://thesis.eur.nl/pub/20668/

Van der Laan, G. and Dul, J. (2016) 'Corporate Social Performance: A Necessary Condition Analysis'. *Proceedings of the European Academy of Management*, Paris.

Van der Valk, W., Sumo, R., Dul, J. and Schroeder, R.G. (2016) When are contracts and trust necessary for innovation in buyer-supplier relationships? A necessary condition analysis, *Journal of Purchasing and Supply Management*, 22(4): 266-77.

Van Rhee, H. and and Dul, J. (2018) 'Filling the Black-box of HR: Unraveling the AMO Model and Elevating It to the Organizational Level', *Academy of Management Proceedings*, 2018, 13840.

Van 't Hul, E.F. (2015) 'Customer Orientation and Business Performance: A Content Analysis of Dutch SMEs' Websites', Master's thesis, Rotterdam School of Management, Erasmus University, Netherlands. Available at https://thesis.eur.nl/pub/31804

Verheul, P.L. (2013) 'Critical Success Factors for IT Project Success'. Master's thesis, Rotterdam School of Management, Erasmus University, Netherlands. Available at https://thesis.eur.nl/pub/21360.

Verhoeve, S. (2017) 'Testing the Necessary Conditions of Technology Acceptance by Potential Organizational Users of a Mandatory IT in the Pre-implementation Phase'. Master's thesis, Rotterdam School of Management, Erasmus University, Netherlands. Available at https://thesis.eur.nl/pub/41117

Vis, B. & Dul, J. (2018) Analyzing relationships of necessity not just in kind but also in degree: Complementing fsQCA with NCA. *Sociological Methods and Research*, 47(4), 872-899.

图书在版编目(CIP)数据

必要条件分析法/(荷)扬·杜尔著;杜运周等译
.—上海:格致出版社:上海人民出版社,2022.7
(格致方法·商科研究方法译丛)
ISBN 978 - 7 - 5432 - 3349 - 2

Ⅰ.①必… Ⅱ.①扬… ②杜… Ⅲ.①数据处理-研
究 Ⅳ.①TP274

中国版本图书馆 CIP 数据核字(2022)第 094829 号

责任编辑 唐彬源 程 倩
装帧设计 路 静

格致方法·商科研究方法译丛
必要条件分析法
[荷]扬·杜尔 著
杜运周 等译

出　　版　格致出版社
　　　　　上海人民出版社
　　　　　(201101　上海市闵行区号景路 159 弄 C 座)
发　　行　上海人民出版社发行中心
印　　刷　上海商务联西印刷有限公司
开　　本　635×965　1/16
印　　张　12.75
插　　页　2
字　　数　138,000
版　　次　2022 年 7 月第 1 版
印　　次　2022 年 7 月第 1 次印刷
ISBN 978 - 7 - 5432 - 3349 - 2/C · 269
定　　价　56.00 元

上海市版权局著作权合同登记号　图字:09-2022-0230 号